Grundwissen für Brandschutzbeauftragte

Kompendium zur Aus- und Weiterbildung

Dr.-Ing. Wolfgang J. Friedl

5., überarbeitete Auflage, 2023

BOORBERG

Bibliografische Information der Deutschen Nationalbibliothek |
Die Deutsche Nationalbibliothek verzeichnet diese Publikation in der Deutschen Nationalbibliografie; detaillierte bibliografische Daten sind im Internet über www.dnb.de abrufbar.

5. Auflage, 2023
ISBN 978-3-415-07428-6

Anfragen gemäß EU-Verordnung über die allgemeine Produktsicherheit (EU) 2023/988 (General Product Safety Regulation – GPSR) richten Sie bitte an: Richard Boorberg Verlag GmbH & Co KG, Produktsicherheit, Scharrstraße 2, 70563 Stuttgart; E-Mail: produktsicherheit@boorberg.de

Titelfoto: © pixs:sell – stock.adobe.com | Satz: abavo GmbH, Nebelhornstraße 8, 86807 Buchloe | Druck und Bindung: Vereinigte Druckereibetriebe Laupp & Göbel GmbH, Robert-Bosch-Straße 42, 72810 Gomaringen

Richard Boorberg Verlag GmbH & Co KG | Scharrstraße 2 | 70563 Stuttgart
Stuttgart | München | Hannover | Berlin | Weimar | Dresden
www.boorberg.de

FRIEDL

Grundwissen für Brandschutzbeauftragte

Vorwort

Neben dem abwehrenden, anlagentechnischen und baulichen Brandschutz ist der organisatorische Brandschutz die tragende Säule eines funktionierenden Brandschutzsystems für Unternehmen.

Insbesondere in komplexen und umfangreichen Betrieben ist in der heutigen schnelllebigen Zeit ein betrieblich funktionierendes Brandschutzsystem ein wichtiger Bestandteil zur Sicherung der unternehmerischen Ziele. Aus diesem Grund ist es wichtig, dass die Brandschutzbeauftragten, die in diesem System eine zentrale Rolle einnehmen, über ein fundiertes Fachwissen verfügen und über neuartige Gefahren, beispielsweise Li-Akkubrände, Bescheid wissen.

Das vorliegende Buch „Grundwissen für Brandschutzbeauftragte" in seiner 5., neu überarbeiteten und aktualisierten Fassung stellt umfänglich die vielen Aspekte und Aufgabengebiete eines Brandschutzbeauftragten dar.

Neben den verschiedenen gesetzlichen Rahmenbedingungen und Aufgaben des Brandschutzbeauftragten werden insbesondere auch Erfahrungswerte und praktische Tipps in der Umsetzung unmittelbar in die jeweiligen Systembereiche eingearbeitet und können so eine nützliche Unterstützung für einen Brandschutzbeauftragten darstellen.

Wer im organisatorischen und betrieblichen Brandschutz unterwegs ist, wird dieses Fachbuch nicht missen wollen.

Prof. Dipl.-Ing. Reinhard Ries, Leitender Direktor a. D. der Branddirektion in Frankfurt am Main, und Dr. Wolfgang J. Friedl

Der Autor

Wolfgang J. Friedl, Dr.-Ing., geb. 1960, ist firmen- und produktneutraler Beratender Ingenieur für Sicherheitstechnik im Bereich des Brand-, Einbruch- und Arbeitsschutzes. Studium Brandschutz und Arbeitssicherheit in Wuppertal, Promotion in Magdeburg. Seit 1986 im In- und Ausland primär tätig als Sicherheits- und Schadensingenieur, als Brandschutz-Konzeptersteller für Gebäude, sowie als Gutachter und neutraler Unternehmensberater für alle Zweige der Industrie, Wirtschaftsunternehmen und Versicherungskonzerne. Autor von bisher 35 Fachbüchern und zahlreichen Fachartikeln in nationalen und internationalen Sicherheitspublikationen. Co-Autor vieler Loseblattsammlungen. Akkreditierter Fachjournalist. Referent und Schulungsleiter bei Seminaren und Sicherheits-Kongressen der Industrie im In- und Ausland sowie bei bekannten Ausbildungs-Akademien.

Fachbeirat

Martin Amler, geb. 1975. Ausbildung im Maschinenbau (Maschinen und Systemtechnik). Laufbahnausbildung im mittleren feuerwehrtechnischen Dienst. Zusatzstudium an der Hochschule Esslingen (Zertifizierter Fachplaner und Sachverständiger Brandschutz). Gründung eines Büros für Brandschutzplanung. Laufbahnausbildung im gehobenen feuerwehrtechnischen Dienst (Einsatzleiter vom Dienst und Sachgebietsleiter Vorbeugender Brand- und Gefahrenschutz). Mitglied der Freiwilligen Feuerwehr.

Giovanni Aichele, geb. 1961. Feuerwehrlaufbahn: 1991 Kommandant der FFW Lautrach, 1993 Dozent der VBG Lautrach, 2003 Brandschutzbeauftragter der Fa. Goldhofer mit allen Rechten und Pflichten. 2006 Fachkreisbrandmeister Unterallgäu, zuständig für die Ausbildung; Basis-Grundausbildung Truppführer, Fahrzeugmaschinisten und Feuerwehrführerscheinausbildung (131 Wehren). Auszeichnungen: Bayrisches Steckkreuz (höchste Bayerische Feuerwehrauszeichnung) durch Innenminister Joachim Hermann, Ehrenkreuz in Silber des Bezirksfeuerwehrverbandes Schwaben. Seit 1990 Fa. Goldhofer, Meister im Stahlbau.

Inhaltsverzeichnis

Abkürzungen

Gesetze, Bestimmungen, Verordnungen, Richtlinien

ArbSchG	Arbeitsschutzgesetz
ArbStättV	Arbeitsstättenverordnung
ASA	Arbeitsschutzausschusssitzung
ASR	Arbeitsstättenregel
ASF	Allgemeine Sicherheitsvorschriften der Feuerversicherer
ASiG	Arbeitssicherheitsgesetz
BetrSichV	Betriebssicherheitsverordnung
BG	Berufsgenossenschaft
BGB	Bürgerliches Gesetzbuch
BU	Feuer-Betriebsunterbrechungsversicherung
BW	Brandwand, Feuerwiderstandsdauer ≥ 90 min. in der GK 5, mechanisch stabil, 30/50–70 cm (LBO/IndBauRL) über Dach geführt oder beiderseitig je 50 cm feuerbeständig; keine Brandlasten vor oder über der Brandwand
BW, A	Brandwand Zusatzangabe, nicht brennbare Bestandteile
BW, AB	Brandwand Zusatzangabe, brennbare und nicht brennbare Bestandteile
BW, B	Brandwand Zusatzangabe, brennbare Bestandteile
DGUV	Deutsche Gesetzliche Unfallversicherung
DGUV Grundsatz	Berufsgenossenschaftlicher Grundsatz der DGUV
DGUV Information	Berufsgenossenschaftliche Information der DGUV
DGUV Regel	Berufsgenossenschaftliche Regel der DGUV
DGUV Vorschrift	Berufsgenossenschaftliche Vorschrift der DGUV
DIBt	Deutsches Institut für Bautechnik
DIN	Deutsches Institut für Normung
DIN 4102	Deutsche Baustoffklassifizierung:
– A 1, A 2	Nichtbrennbare Baustoffe
– B 1, B 2, B 3	Schwer-, normal- und leichtentflammbare Baustoffe
– T 30/60/90	Brandschutztür, Feuerwiderstandsdauer in min.
– F 30/90	Feuerhemmende/Feuerbeständige Wand
– G 30/60/90	Brandschutzverglasung, hält Wärmestrahlen nicht ausreichend ab, aber Flammen für 30, 60 und 90 min.
– F 30/60/90	Brandschutzverglasung, hält auch Wärmestrahlen ausreichend ab für 30, 60 oder 90 min.
– K 30/90	Klappe in Lüftungsleitung

– S 90	Kabelschott, feuerbeständig
– RD	Rauchdicht (bezüglich Türen: oben und an beiden Seiten dicht)
– RS	Rauchschutz (bezüglich Türen: 4-seitig dicht im geschlossenen Zustand, eine Dichtlippe fährt automatisch nach unten aus)
– E 30/90	Strom-/Datenkabel, das eine Beflammung 30/90 min. aushält (Funktionserhalt)
– I 30/90	Installationskanal für Leitungen, der eine Beflammung 30/90 min. zurückhält
DIN EN 13 501	Klassifizierung von Bauprodukten und Bauarten zu ihrem Brandverhalten
EML	Estimated Maximum Loss (wahrscheinlich eintretender Schaden unter Berücksichtigung von Sicherheitstechnik); Anm.: Die Relation PML zu EML kann versicherungsrechtlich relevant sein für die Versicherbarkeit, die Einstufung und die Höhe der Prämie
EN	Europanorm
ETK	Einheitstemperaturkurve
F/FI	Feuer/Feuer-Industrie (Versicherungsrecht)
FeuV	Feuerungsverordnung (Heizungen)
GAU	Größter anzunehmender Unfall (d. h. einen sog. „Supergau“ gibt es nicht)
GaV/GaStellV	Garagenbauverordnung/Garagen- und Stellplatzverordnung
GK	Gebäudeklasse lt. Landesbauordnung
– GK 1	Freistehendes Gebäude mit ≤ 2 Nutzungseinheiten, ≤ 400 m², Höhe ≤ 7 m
– GK 2	Gebäude mit ≤ 2 Nutzungseinheiten, ≤ 400 m² oder landwirtschaftliches Gebäude, Höhe ≤ 7 m
– GK 3	Sonstige Gebäude mit einer Höhe ≤ 7 m
– GK 4	Gebäude mit einer Höhe ≤ 13 m
– GK 5	Gebäude mit einer Höhe ≤ 22 m
GUV	Gemeindeunfallversicherung
HHBO/HHRL	Hochhausbauverordnung/Hochhausbaurichtlinie
IndBauR	Industriebaurichtlinie
LAR/LARL	Leitungsanlagenrichtlinie
LBO	Landesbauordnung
LüARL	Lüftungsanlagenrichtlinie
MPA	Materialprüfanstalt
OWiG	Ordnungswidrigkeitsgesetz

PML	Probable Maximum Loss (geschätzter wahrscheinlich eintretender Höchstschaden ohne Berücksichtigung von Sicherheitstechnik)
StGB	Strafgesetzbuch
TR	Technische Regel
TRBS	Technische Regel Betriebssicherheitsverordnung
TRGS	Technische Regel Gefahrstoffverordnung
VersStättV	Versammlungsstättenverordnung
vfdb	Vereinigung zur Förderung des Deutschen Brandschutzes
VkV	Verkaufsstättenverordnung
VVB	Verordnung zur Verhütung von Bränden (Bayern)
VVG	Versicherungsvertragsgesetz

Anlagentechnische und organisatorische Brandschutzbegriffe

BSO	Brandschutzordnung
– BSO, Teil A	Aushang für alle im Gebäude befindlichen Personen
– BSO, Teil B	Schriftliche Information für alle Mitarbeiter
– BSO, Teil C	Schriftliche Information für alle Mitarbeiter, die in Notsituationen wie Gebäuderäumungen, Bränden usw. besondere Aufgaben haben
EX	Explosion
HFL	Handfeuerlöscher
– Brandklasse A	Feste brennbare Stoffe
– Brandklasse B	Flüssig und flüssig werdende Stoffe
– Brandklasse C	Gasförmige brennbare Stoffe
– Brandklasse D	Brennbare Metalle
– Brandklasse F	Brennbare Speiseöle und -fette
MRA	Maschinelle Rauch- und Wärmeabzugsanlage (alte Bezeichnung)
MRWG	Maschinelles Rauch- und Wärmeabzugsgerät (neue Bezeichnung)
NRA	Natürliche Rauch- und Wärmeabzugsanlage (alte Bezeichnung)
NRWG	Natürliches Rauch- und Wärmeabzugsgerät (neue Bezeichnung)
OEG	Obere Explosionsgrenze

RTI	Response time index (Ansprechverhalten von Sprinklerköpfen)
RWA	Rauch- und Wärmeabzugsanlage
UEG	Untere Explosionsgrenze
Why/WHY	Wandhydrant (Typ S, Typ F)

1 Einleitung

Der Erfinder und Unternehmer **Werner von Siemens** erkannte bereits im Jahr 1880:

„Das Verhüten von Unfällen [und damit auch das Verhüten von Bränden] darf nicht als eine Vorschrift des Gesetzes aufgefasst werden, sondern als ein Gebot menschlicher Verpflichtung und wirtschaftlicher Vernunft."

Diese Grundeinstellung passt für das Wesen sowie die Tätigkeit von Brandschutzbeauftragen sehr gut. Die Tatsache, dass es bislang nicht gebrannt hat, darf nicht zu der Annahme führen, dass der Brandschutz auch korrekt ausgeführt und keine Brandgefährdung vorhanden ist. So auch die Auffassung der **Rechtsprechung**: „Es entspricht der Lebenserfahrung, dass mit der Entstehung eines Brands praktisch jederzeit gerechnet werden muss". Und weiter: „Der Umstand, dass in vielen Gebäuden jahrzehntelang kein Brand ausbricht, beweist nicht, dass keine [Brand-]Gefahr besteht, sondern stellt für die Betroffenen einen Glücksfall dar, mit dessen Ende jederzeit gerechnet werden muss" (nachzulesen in den Urteilen 5 K 1012/85 des VG Gelsenkirchen und 10 A 363/86 des OVG Münster). Das sollte man sich als Brandschutzbeauftragter stets vor Augen halten und auch bei eigenen Schulungen anderen vermitteln.

Brandschutz ist komplex und an vielen und unterschiedlichen Stellen in Gesetzen, Bestimmungen, Normen oder technischen Regeln zu finden; da den Überblick zu behalten ist nicht einfach. Vielleicht mag die Bedeutung des Brandschutzes für manchen erstmals nicht erkennbar sein – vergleichbar den Kfz-Sicherheitseinrichtungen, deren Sinn und Nutzen man erst bei einem Unfall erkennt. Das vorliegende Fachbuch möchte daher früher ansetzten, nicht erst, wenn es zum Schadensfall gekommen ist.

Wer dieses Buch liest, erwirbt das für Brandschutzbeauftragte nötige **Fachwissen**. Inhaltlich orientiert sich das Werk an der aktuellen DGUV Information 205-003 vom Dezember 2020 und eignet sich daher ideal zur Vorbereitung auf den Ausbildungslehrgang zum Brandschutzbeauftragten.

Die durchgesehene und überarbeitete **Neuauflage** wurde ergänzt um die Neuerungen der aktuellen ASR A2.2 vom Mai 2018 sowie um ein umfassendes Stichwortverzeichnis. Mit kurzen Abschnitten und zusätzlichen Gliederungspunkten sind die einzelnen Kapitel noch verständlicher gestaltet. Zu Beginn jedes Kapitels wird auf die Relevanz hingewiesen, die dem jeweiligen Thema in der schriftlichen Abschlussprüfung zukommt. Bewährt haben sich auch die am Ende jeden Kapitels eingefügten Kontrollfragen, die den Lesern eine rasche Überprüfung des gelernten Wissens ermöglichen und so die Vorbereitung auf die Prüfung zum Brandschutzbeauftragten erleichtern. Ein Griffregister am Seitenrand rundet das Werk ab.

An dieser Stelle schon der **Hinweis**, dass sich das Amt „Brandschutzbeauftragter" und nicht „Brandschutzverantwortlicher" nennt. Brandschutzbeauftragte geben den Bereichsleitern, den fachvorgesetzten Produktionsleitern oder den Werkstattmeistern Hinweise und Tipps, wie sie die Arbeitsumgebung den geltenden Anforderungen entsprechend gestalten sollen, können oder müssen – vergleichbar einem Arzt, der Ratschläge zur Gesundheit gibt. Hält sich der Patient nicht daran, ist er selbst in der Verantwortung. Räumt die zuständige Person die verbotenerweise gelagerten Gasflaschen trotz Aufforderung durch den Brandschutzbeauftragten nicht weg, schafft sie keinen geeigneten Behälter für ölgetränkte Lappen an, entfernt sie den verbotenen Keil zum Aufhalten der Brandschutztür nicht, ist im Fall eines Unglücks die betreffende Person und nicht der Brandschutzbeauftragte in der juristischen Haftung. Mit dem Begriff des „Brandschutzbeauftragten" sind selbstverständlich alle Geschlechter angesprochen. Lediglich zur Vereinfachung und besseren Lesbarkeit wurde im Folgenden die männliche Form gewählt.

Ein ganz besonderer Dank gilt abschließend dem aus Anlass der vierten Auflage gegründeten **Fachbeirat**, der sich bereit erklärt hat, an der Überarbeitung mitzuwirken und das Buch noch besser zu machen. Die konstruktiven Hilfen wurden aufgegriffen und an geeigneter Stelle in diesem Werk eingebracht.

Wir wünschen Ihnen, dass Sie viel aus diesem Werk entnehmen und in Ihrem Unternehmen oder privat direkt umsetzen können. Damit erst gar kein Brand entstehen kann!

2 Ausbildung zum Brandschutzbeauftragten

In Deutschland gibt es viele gute **Institutionen**, die Brandschutzbeauftragte ausbilden, z. B. die A.V.B.-Akademie, WEKA-Akademie, der FORUM-Herkert-Verlag, der Verband der Schadensversicherer (VdS), das Haus der Technik (HdT) oder die verschiedenen Technischen Akademien und TÜV-Einrichtungen (z. B. TÜV NORD, TÜV Rheinland). Aber auch Fachverbände wie z. B. der Bundesverband Sicherheitstechnik (BHE) oder die in den einzelnen Bundesländern vorhandenen Verbände „Allianz für Sicherheit in der Wirtschaft" (ASW) bieten Kurse an. Neuerdings gibt es auch Internet-Fernkurse, wie sie z. B. die IHK oder die Bildungsgrad-Akademie anbieten. Deren Ausbildungszeiten, Inhalte und Prüfungen sind Dank der **DGUV Information 205-003** grundlegend vorgegeben, können aber mittlerweile in acht unterschiedlichen Varianten ziemlich frei ausgestaltet werden. Wenn ein Unternehmen mehrere Brandschutzbeauftragte ausbilden möchte, dann ist es oft aus wirtschaftlicher Sicht sinnvoll, sich den Trainer „ins Haus zu holen". Dann findet die Ausbildung in den eigenen Räumlichkeiten statt mit dem weiteren Vorteil, dass auf die individuellen Bedürfnisse des Unternehmens eingegangen werden kann.

2.1 Fähigkeiten von Brandschutzbeauftragten

Brandschutzbeauftragte sind selten Juristen, müssen aber mit Gesetzen umgehen können. Gute Chancen, den Brandschutz vermitteln zu können, hat, wer zuverlässig, ehrlich, offen sowie authentisch ist und auch unangenehme Punkte ansprechen kann. Selbständiges Arbeiten und proaktives Handeln sind dabei unverzichtbare Wesenszüge. Ein paar Jahre **Berufserfahrung**, idealerweise in unterschiedlichen Bereichen und Funktionen, oder eine feuerwehrtechnische Vorbildung sind für das Amt sicherlich von Vorteil, aber kein Muss. Deshalb empfiehlt es sich vorab zu überlegen, welcher Mitarbeiter hierzu am besten geeignet ist.

Der Brandschutzbeauftragte muss die **Fähigkeit** haben, sich selbst zu motivieren und sich die nötigen Arbeiten zuzuteilen – er darf nicht warten, bis man ihn bittet, bestimmte Dinge umzusetzen (Schulungen, Begehungen, Beratungen, Besprechungstermine, Mängelprotokolle, Wartungspläne, Gefährdungsbeurteilungen, Informationsvermittlung, Optimierungen, Brandschutzordnung, Feuerwehreinsatzpläne). Schließlich müssen Sie mit der Belegschaft, Behördenvertretern, der Geschäftsführung, dem Betriebsrat, internen und externen Handwerkern und auch Vertriebsingenieuren von Unternehmen, die Produkte verkaufen wollen, auf Augenhöhe verhandeln und auf einvernehmliche bzw. konstruktive Lösungen hinarbeiten. Personen, die auf diesem Gebiet bereits Erfahrungen gesammelt haben, wie z. B. aus der Produktion kommende, betriebliche Praktiker mit Meistertitel, sind daher besonders geeignet, die Rolle des Brandschutzbeauftragten einzunehmen.

Das nötige Fachwissen zu haben, also Gesetze und weitere Vorgaben zu kennen, ist das eine. Das andere ist es, dieses auch anwenden und real vorgefundene Situationen (gemeint sind Verstöße) werten zu können. Schließlich muss der Brandschutzbeauftragte souverän beurteilen können, ob ein brandschutztechnischer Verstoß (nur) einmalig eingetreten ist oder ob eine dauerhafte Gefahr für Menschen oder erhebliche Sachwerte besteht. Die Mitarbeiter müssen wissen, dass sie sich mit brandschutztechnischen Fragen und Problemen an ihn wenden können, ohne dass negative Folgen zu befürchten sind. Dabei nimmt der Brandschutzbeauftragte oft die Stellung eines **Moderators** ein. „Moderat" bedeutet gemäßigt, zielführend und problemlösend – also nicht provokativ, eskalierend. Kurz, man muss sich für den Brandschutz im Unternehmen verantwortlich fühlen, ohne es im juristischen Sinne zu sein.

2.2 Die aktuelle DGUV Information 205-003

Das Kürzel DGUV steht für die **D**eutsche **G**esetzliche **U**nfall**v**ersicherung. Im Dezember 2020 ist die aktuelle Fassung der Ausbildungsvorgaben neu erstellt worden und die früher absoluten, klaren zeitlichen Vorgaben für die Inhalte sind jetzt relativiert in fünf Hauptkapitel:

1. Allgemeine Kompetenzen
   Der Brandschutzbeauftragte:
   - kennt die einschlägigen Rechtsquellen und Erkenntnisquellen für das Tätigkeitsgebiet und ist in der Lage, diese Dokumente sachgerecht zu interpretieren
   - kennt seine Rechtsstellung im Betrieb
   - kann seine eigene Verantwortung und Haftung einschätzen und erläutern
   - kennt seine internen und externen Ansprechpartner
   - ist in der Lage, seinen fachlichen Standpunkt deutlich darzustellen und gegenüber Dritten nachdrücklich zu vertreten
   - versteht die wesentlichen physikalisch-chemischen Grundlagen der Verbrennung und des Löschens
   - kann die Bedeutung des Brandschutzes für Betriebe und Organisationen darstellen

- kann die möglichen Gefahren und Schäden, die für Menschen, Tiere, Gebäude, Sachen, Produktionseinrichtungen und -abläufe sowie die Umwelt durch Brand entstehen, Dritten vermitteln
- kann die Auswirkungen von Brandfolgeprodukten auf die Gesundheit von Menschen erläutern
- kennt wesentliche Zündquellen und Brandursachen und kann Maßnahmen zu deren Beseitigung vorschlagen

2. Themenfeld baulicher Brandschutz
   Der Brandschutzbeauftragte:
   - kann Gebäude den Gebäudeklassen zuordnen
   - erkennt, ob ein Gebäude einen Sonderbau darstellt
   - versteht die wesentlichen Maßnahmen und Konzepte im baulichen Brandschutz und kann Dritten die Wichtigkeit der entsprechenden Maßnahmen erläutern
   - kann den Ist- und Sollzustand für die Flucht- und Rettungswege sowie Notausgänge beurteilen
   - versteht die Klassifizierung von Baustoffen und Bauteilen
   - kann Anforderungen an Baustoffe und an Bauteile aus Brandschutzkonzepten und Vorschriften entnehmen
   - kennt die Bedeutung der Löschwasserversorgung und die wichtigsten Möglichkeiten, wie diese gewährleistet werden kann
   - kennt die Wichtigkeit der Löschwasserrückhaltung und kennt wesentliche Maßnahmen dafür
   - kennt die Bedeutung der Flächen für die Feuerwehr und kann diese Dritten vermitteln
   - kann offensichtliche Abweichungen von regulären Zuständen von Bauteilen erkennen und beschreiben
3. Themenfeld anlagentechnischer Brandschutz
   Der Brandschutzbeauftragte:
   - kennt die wesentlichen brandschutztechnischen Anlagen
   - kann deren Funktions- und Wirkungsweise erläutern
   - kennt deren typische Anwendungsbereiche
   - kann deren wesentliche Bauteile erkennen und benennen
   - erkennt typische betriebliche Situationen, durch die die Wirksamkeit der Anlagen negativ beeinflusst werden, und kann diese erläutern
   - kann offensichtliche Mängel an brandschutztechnischen Anlagen erkennen und beschreiben
   - kennt wesentliche Schutzmaßnahmen für Personen beim Einsatz von Gaslöschanlagen und kann diesbezüglich den Unternehmer beraten
   - kann die Bedeutung von ordnungsgemäßer Instandhaltung und insbesondere auch erforderlicher Prüfung erläutern

4. Themenfeld organisatorischer Brandschutz
   Der Brandschutzbeauftragte:
   - kann den Unternehmer, Führungskräfte und Mitarbeiter im vorbeugenden Brandschutz fachlich kompetent beraten
   - kann eine angemessene betriebliche Organisation im Brandschutz vorschlagen und bei der Integration des Brandschutzes in die betrieblichen Abläufe mitwirken
   - kann die Brandschutzordnung entsprechend den betrieblichen Erfordernissen ausarbeiten
   - kann den Unternehmer bei der betrieblichen Unterweisung im Brandschutz unterstützen
   - kann Beschäftigte und Führungskräfte zu brandschutzgerechtem Verhalten motivieren
   - ist in der Lage, Evakuierungsübungen zu planen und deren Verlauf auszuwerten
   - kann für übliche Tätigkeiten und Gegebenheiten eine Gefährdungsbeurteilung zum Thema Brandschutz erstellen
   - kann in Zusammenarbeit mit anderen Experten (z. B. Fachkräfte für Arbeitssicherheit) bei der Erstellung der Gefährdungsbeurteilung bei komplexen Sachverhalten aktiv mitwirken
   - kann Ersatzmaßnahmen zum baulichen, anlagentechnischen und organisatorischen Brandschutz vorschlagen
   - kennt wesentliche Prüfpflichten im Brandschutz, ist in der Lage, ordnungsgemäße Prüfungen zu organisieren und kann den Unternehmer bezüglich der Organisation der Prüfungen beraten
   - kann Personen im Umgang mit handbetätigten Feuerlöschern und anderen Löscheinrichtungen ausbilden
   - kann ein Konzept zur Ausstattung von Arbeitsstätten mit Feuerlöschern und anderen Löscheinrichtungen erarbeiten und bei der Umsetzung mitwirken
   - kann Flucht- und Rettungspläne auf deren Richtigkeit überprüfen
   - kann bei der Erstellung von Feuerwehrplänen mitwirken
   - stellt Abweichungen im betrieblichen Brandschutz fest und kann sie dem Unternehmer darlegen
   - kann aussagekräftige Berichte und Stellungnahmen verfassen
5. Themenfeld abwehrender Brandschutz
   Der Brandschutzbeauftragte:
   - kann mit handbetätigten Feuerlöscheinrichtungen einen Entstehungsbrand löschen

- kennt die Organisation von Feuerwehren
- kennt die Leistungsfähigkeit und die Leistungsgrenzen von Feuerwehren und Rettungsdiensten

Es geht in der neuen Ausbildungsrichtlinie, wie unschwer zu erkennen ist, sehr viel um Kompetenzen und Fähigkeiten. Nun muss man jedoch erstens wissen, dass ein breiter Querschnitt der arbeitenden Bevölkerung zur Ausbildung für Brandschutzbeauftragte kommt. Und zweitens, dass man in 64 Unterrichtseinheiten à 45 Minuten sicherlich einiges an Fachwissen vermitteln kann – jedoch was Elternhaus, Schulbildung und Berufsausbildung nicht hinbekommen haben, das kann man nicht vermitteln, jedenfalls nicht im Kurs für Brandschutzbeauftragte. Heißt für die vorgesetzten Personen, sich diejenigen als zukünftige Brandschutzbeauftragte auszusuchen, die man für fachlich, menschlich und intellektuell dafür in der Lage hält. Das sind meistens Handwerker mit Meistertitel und andere aktive, intelligente Menschen, die über einen gesunden Menschenverstand verfügen und ein Gefühl dafür haben, was akzeptabel ist und was nicht. Die absolute Grundvoraussetzung für gute Brandschutzbeauftragte ist also zum einen das Wesen und zum anderen das Fachwissen: Das richtige Wesen muss man haben, das Fachwissen wird vermittelt.

Die alte DGUV-Regel vom November 2014 hatte noch klar vorgegeben, für welche Themen wie viel Zeit zur Vermittlung vorgesehen ist:

Inhalte	**Umfang**
Rechtliche Grundlagen	4 UE
Brandlehre	3 UE
Brand- und Explosionsgefahren	7 UE
Baulicher Brandschutz	8 UE
Anlagentechnischer Brandschutz	8 UE
Handbetätigte Geräte zur Brandbekämpfung	2 UE
Organisatorischer Brandschutz	16 UE
Brandschutzmanagement	8 UE
Behörden, Feuerwehren, Versicherungen	4 UE
Abschlussprüfungen	4 UE

Tab. 1: Ausbildungsumfang nach der alten DGUV Information 205-003

2

Heute gibt es acht zum Teil völlig unterschiedliche Varianten der Ausbildung, die wie folgt aussehen:

- **Variante 1:** Zwei Wochen Präsenzphase mit vier Tagen à 8 UE (also 64 UE, gleichmäßig verteilt auf zwei Wochen; diese zwei Wochen können aneinander grenzen oder es liegt etwas Abstand dazwischen).
  Anmerkung: Diese Variante des sog. Frontalunterrichts ist nach wie vor die effektivste wie effizienteste Methode der Wissensvermittlung und wird von praktisch allen Ausbildungsinstituten angewandt. Sie entspricht der bisherigen Regelung – mit dem erheblichen Unterschied, dass eben die stringente Vorgabe bezüglich der Stundenverteilung völlig entfallen ist.
- **Variante 2:** Es gibt eine Einführungsveranstaltung über 2,5 Tage, dann eine Praxisphase mit Bericht über ca. drei Wochen und zuletzt eine Abschlussveranstaltung von fünf Tagen.
- **Variante 3:** Es gibt eine Einführungsveranstaltung über drei Tage, dann eine Selbstlernphase, danach eine Praxisphase sowie abschließend eine weitere Veranstaltung über drei Tage.
- **Variante 4:** Auf eine zweitätige Präsenzphase folgt eine Praxisphase, dann ein Online-Seminar und dann fünf Tage Vorträge vor Ort.
- **Variante 5:** Es gibt eine zweitägige Einführungsveranstaltung, dann eine Praxisphase, eine Onlinephase, ein Praxisprojekt und eine Abschlussveranstaltung.
- **Variante 6:** Drei Tage Einführungsveranstaltung, Praxisphase, Online-Seminar, Praxisprojekt und Abschlussveranstaltung über drei Tage.
- **Variante 7:** Drei Tage Einführungsveranstaltung, dann Praxisphase, dann zwei Tage Vor-Ort-Seminar, danach Selbstlernphase und dann drei Tage Abschlussseminar.
- **Variante 8:** Drei Tage Einführungsveranstaltung, dann Online-Seminar und drei Tage Abschlussveranstaltung.

Somit benötigt man für die beliebteste und beste Variante 1 insgesamt acht Tage und danach ist man bei bestandener Prüfung Brandschutzbeauftragter. Die Variante 2 fordert 7,5 Tage vor Ort und benötigt für die Praxisphase zwei bis drei Wochen. Variante 3 fordert sechs Tage vor Ort sowie sechs Wochen für die Selbstlernphase und zwei bis drei Wochen für die Praxisphase. Bei Variante 4 ist man sieben Tage vor Ort und benötigt darüber hinaus noch zwei bis drei Wochen für eine Praxisphase sowie drei halbe Tage für ein Online-Seminar. Variante 5 macht fünf Tage vor Ort nötig, dazu kommen zwei bis drei Wochen Praxisphase, zwei halbe Tage für ein Online-Seminar und noch mal sechs Wochen für ein Praxisprojekt. Die Variante 6 benötigt sechs Tage vor Ort, dann drei bis vier Wochen Praxisphase, zwei Tage Online-Seminar und zwei Monate Praxisprojekt. In Variante 7 ist man acht Tage vor Ort, danach zwei bis drei Wochen in einer Praxisphase, dann noch eine Selbstlernphase über vier Wochen. Schließlich fordert Variante 8 für die zukünftigen Brandschutzbeauftragten sechs Tage vor Ort und dann noch mal vier halbe Tage Online-Veranstaltung.

Man sieht schnell, wie extrem zeitaufwändig und wenig nachvollziehbar oder gar prüfbar viele der Varianten 2–8 sind. Zudem dürfte es auch keine Unternehmen geben, die für Brandschutzbeauftragte die Aufgaben stellen, vorgeben und prüfen können. Fazit: Die Variante 1 ist und bleibt die einzig sinnvolle und richtige Lösung – befähigte Personen stellen die Vorgaben für den Brandschutz vor, beantworten Fragen, stellen Gruppenaufgaben und erläutern den Sinn von Vorgaben. Auch die Beurteilung von Verstößen sowie ihrer Kompensationsmöglichkeiten gehört zur relevanten Kompetenzvermittlung.

Im Internet ist die DGUV-Information 205-003 als PDF-Datei zu finden, die jeder Brandschutzbeauftragte gelesen haben sollte. Die darin vorgegebenen fachlichen Inhalte sind die Grundlage für dieses Buch. Persönlichkeit, Argumentationsfähigkeit und Kompetenz jedoch können wir nicht vermitteln – die „hat man“ entweder oder man eignet sie sich selbst im Laufe des beruflichen Lebens an (oder eben nicht).

2.3 Fort- und Weiterbildungen

Die aktuelle DGUV Information 205-003 fordert nach wie vor, dass Brandschutzbeauftragte **alle drei Jahre** eine **Weiterbildung** im Umfang von mindestens 16 Unterrichtseinheiten zu je 45 min. (also üblicherweise zwei ganze Tage) absolvieren sollen.

Dabei gibt es eine große Bandbreite an Inhalten:

- **Anlagentechnischer Brandschutz**,
- **Organisatorischer Brandschutz**,
- **Baulicher Brandschutz**,
- **Branchenbezogene Seminare** zur Thematik „Brandschutz“ (z. B. für die Luftfahrt oder Bahn, sofern man in diesen Bereichen arbeitet),
- **Explosionsschutz** (hier wird angeraten, sich Hilfe von einem spezialisierten Experten zu holen, denn der Explosionsschutz wird aufgrund seiner Komplexität in der Ausbildung für Brandschutzbeauftragte nicht ausreichend abgedeckt – was keine Kritik sein soll, denn schließlich ist man ja Brand- und nicht Explosionsschutzbeauftragter),
- **Notfallmanagement**,
- **Katastrophenschutz**,

- **Brandschutz bei Luftfahrt oder Bahn,**
- **Gebäuderäumung und Evakuierung,**
- **spezielle Fachtagungen**; die wohl bedeutendsten drei sind die Seminare bei der Fachmesse *Security* in Essen (alle zwei „geraden" Jahre), der *A+A* in Düsseldorf (alle zwei „ungeraden" Jahre) oder der *SicherheitsEXPO* in München (jährlich über zwei Tage, meist Anfang Juli),
- **Weiterbildung** in Richtung Kommunikation, Gesprächsführung, Rhetorik, Präsentation und Didaktik,
- **sonstige Fachtagungen.**

Ergänzend kann man sich auch durch Informationen im Internet, durch Fachbücher (Weiterbildung für Brandschutzbeauftragte) und Zeitschriften oder durch das Lesen von Loseblattsammlungen weiterbilden, denn Brandschutzbeauftragte müssen autodidaktisch befähigt sein – was nichts anderes bedeutet, als dass sie aktiv auf das berufliche Leben zugehen, sich in Themen, Situationen und Probleme hineindenken und diese selbständig, kostengünstig und effektiv lösen.

2.4 Brandschutz im Internet

Wer das Suchwort „**Brandschutz**" im **Internet** eingibt, bekommt mehr Informationen, als ihm lieb ist. Es ist anzuraten, auf gesponserte Seiten primär nicht zuzugreifen, weil hier andere Interessen im Vordergrund stehen könnten. Wer jedoch auf www.baua.de, die Seiten einer Feuerwehr oder einer Berufsgenossenschaft geht, kann davon ausgehen, dass solide Wissensaufbereitung im Vordergrund stehen wird. Das Internet schlägt dem Leser unter anderem die Themen Brandschutzverordnung, Brandschutztüren, Brandschutzordnung, Brandschutzbeauftragter, Brandschutzhelfer, Brandschutzklassen, Brandschutz Deutschland oder Brandschutzklappen vor. Wer einen Treffer auswählt, der auf die Seite von Unternehmen führt, die spezielle Produkte im Brandschutzbereich anbieten, muss berücksichtigen, dass hier wirtschaftliche Interessen mit eine Rolle spielen. Geeigneter sind daher die Seiten von Institutionen und Behörden; hier steht die Vermittlung von Informationen im Vordergrund.

Erste Anlaufstelle für den Brandschutz sollte daher der Internetauftritt der zugehörigen **Berufsgenossenschaft** oder die Seite der **Bundesanstalt für Arbeitsschutz und Arbeitsmedizin** (BAuA) sein. Diese staatliche Seite (www.baua.de) ist werbefrei und stellt eine Vielzahl an aktuellen PDF-Dateien zum Download kostenfrei zur Verfügung. Privatrechtlich sind es die Feuerversicherungen (www.vds.de), die mit praxisbezogenen Informationen den Brandschutzbeauftragten oft weiterhelfen können. Darüber hinaus gibt es Berufsverbände, die branchenbezogene Informationen, aber auch entsprechend passende Videos bereitstellen.

Die wichtigsten Informationsquellen sind im Folgenden aufgeführt:

- **www.vbg.de**, Seite der Verwaltungs-Berufsgenossenschaft, die mittlerweile über 50 verschiedene Branchen vereint. Hier findet man eine Reihe von kostenlosen, aktuellen und guten Informationen über Sicherheit, natürlich auch über Brandschutz.
- **www.vfdb.de**, Internetauftritt des Vereins zur Förderung des Deutschen Brandschutzes (vfdb) und eine der wichtigsten Institutionen in Deutschland hinsichtlich der Entwicklung des Brandschutzes.
- **www.vbbd.de**, Dachverband der Brandschutzbeauftragten.
- **www.gdv.de**, oder auch **www.vds.de**, hier haben Feuerversicherungen praxisnahe Informationen über den betrieblichen Brandschutz eingestellt.
- **www.baua.de**, breites Informationsangebot im Bereich der Sicherheit, sei es Arbeitsschutz oder Brandschutz.
- **www.dguv.de**, Dachverband der Berufsgenossenschaften, dort findet sich das gesamte Spektrum der Sicherheitstechnik.
- **www.bghm.de**, oder **www.bgbau-medien.de**, wer für Präsentationen sicherheitstechnische Symbole sucht, der wird auf diesen Seiten fündig.
- **www.ifs-ev.org**, das Institut für Schadenforschung bringt aktuelle und interessante Informationen, z. B. über die Häufigkeit von Brandursachen – gerade Brandschutzbeauftragten mit wenig Schadenerfahrung sei diese Seite besonders empfohlen.
- **www.dfv.org**, Berufsfeuerwehren und Feuerwehrschulen stellen hier Informationen, aktuelle Brände, Bilder und vieles mehr ins Internet (geben Sie den Namen Ihrer Landeshauptstadt oder der nächsten Großstadt in Verbindung mit „Berufsfeuerwehr" ein).
- **www.bvfa.de**, der Bundesverband Technischer Brandschutz hat die Seite eingerichtet.
- **www.bauordnungen.de**, Bauordnungsrecht ist Ländersache; die jeweiligen Landesbauordnungen (LBO) für die verschiedenen Gebäudearten und Nutzungen finden sich hier.

Auch die Hersteller von Produkten im Brandschutzbereich stellen oft sinnvolle, richtige und wichtige Informationen und Gebrauchsanweisungen zur Verfügung, wie beispielsweise „erlaubte Veränderung an Brandschutztüren"; hier finden sich dann für jede Tür des Herstellers Angaben, ob bestimmte Komponenten an den Türen verändert werden dürfen – gerade für Brandschutzbeauftragte ist die Beurteilung von Brand- und Rauchschutztüren eine wesentliche Aufgabe.

2.5 Bestellungsurkunde für Brandschutzbeauftragte

Im Anhang 1 der DGUV Information 205-003 findet sich folgendes, in Abbildung 1 dargestelltes **Bestellungsschreiben** zur Aufgabenübertragung (die grau hinterlegten Bereiche sind auszufüllen). Die mit der Bestellung verbundenen Aufgaben sind in Kapitel 3.2 dieses Lehrbuches aufgeführt.

Bestellung zur/zum Brandschutzbeauftragten

Herr /Frau

wird hiermit für

(Zuständigkeitsbereich)

der/des

(Name und Sitz des Unternehmens/der Niederlassung/des Werkes/des Betriebsteils)

mit Wirkung vom zur/zum Brandschutzbeauftragten bestellt.

Sie sind in der Funktion des Brandschutzbeauftragten unmittelbar dem Arbeitgeber unterstellt. Sie werden zu allen den Brandschutz betreffenden Fragestellungen des Unternehmens – schon bei der Planung – rechtzeitig eingebunden. Sie beraten und unterstützen den Arbeitgeber in allen Fragen des Brandschutzes.

Die Gesamtverantwortung des Arbeitgebers bleibt unberührt.

Die für Ihre Tätigkeit als Brandschutzbeauftragter erforderlichen Fachkenntnisse gemäß der DGUV Information 205-003 „Aufgaben, Qualifikation, Ausbildung und Bestellung von Brandschutzbeauftragten" haben Sie nachgewiesen.

Ihnen werden für die Erfüllung Ihrer Aufgaben die erforderliche Arbeitszeit, die benötigten Arbeitsmittel und Fortbildungen gemäß der o.g. DGUV Information unter Berücksichtigung der betrieblichen Belange ermöglicht.

Sie sind bei der Anwendung ihrer brandschutztechnischen Fachkunde weisungsfrei. Sie dürfen wegen der Erfüllung der ihnen übertragenen Aufgaben nicht benachteiligt werden. Die mit Ihrer Bestellung verbundenen Aufgaben sind rückseitig aufgeführt.

Jede Änderung dieser Tätigkeiten ist schriftlich zu fixieren und von den Unterzeichnern zu bestätigen.

, den

(Ort) (Datum)

Arbeitgeber/Unternehmer, Betriebsleiter, Behördenleiter

Brandschutzbeauftragter

Verteiler:

Abb. 1: Bestellungsurkunde zum Brandschutzbeauftragten [DGUV]

2.6 Zusammenarbeit mit anderen Institutionen

Prüfungsrelevanz

Das Thema **Zusammenarbeit mit Behörden, Feuerwehren und Versicherungen** hat in der schriftlichen Abschlussprüfung den Anteil 4 von 60 (ca. 7 %). Sinn dieses Unterkapitels ist es daher, die Institutionen, mit denen der Brandschutzbeauftragte früher oder später zusammenarbeiten wird, näher kennenzulernen.

2.6.1 Behörden

Die Reihenfolge der nachfolgend genannten **Behörden** ist ohne Wertung und auch ohne Anspruch auf Vollständigkeit:

- Gewerbeaufsicht,
- Baurechtsbehörde,
- Feuerwehr,
- Strahlenschutzbehörde,
- Wasserbehörde,
- Amt für Denkmalschutz und
- Umweltbehörde.

Primär wird man es regelmäßig mit der **Baurechtsbehörde** zu tun haben; diese kann bei entsprechendem Anlass Begehungen vor Ort durchführen, um die betrieblichen Gegebenheiten mit den gesetzlichen Anfordernissen abzugleichen. Entspricht die Produktionsart noch dem Bauantrag? Werden die genehmigten Mengen an festen, flüssigen und gasförmigen Stoffen eingesetzt? Gibt es relevante Veränderungen baulicher oder verfahrenstechnischer Art, oder wurde geforderte Sicherheitstechnik (z. B. Sprinklerschutz) zurückgebaut? Diese Kontrollen können angemeldet oder unangekündigt sein – in jedem Fall sollte der Brandschutzbeauftragte die Kontrolle begleiten und hilfreich zur Seite stehen. Die **Umweltbehörde** wird dann „interessant" für den Brandschutzbeauftragten, wenn das Unternehmen mit gefährlichen Stoffen zu tun hat. Die Strahlenschutzbehörde wird für den Brandschutzbeauftragten wohl nicht mehr relevant sein, sofern alle Ionisationsmelder aus dem Unternehmen ersetzt worden sind.

Nach einem größeren Brand werden auch die **Ermittlungsbehörden** (Polizei bzw. Staatsanwaltschaft) bei den Behörden nach den Ergebnissen der Untersuchung nachfragen. Wenn eine Nachbegehung stattfindet und die gleichen Mängel immer noch vorhanden sind, ist damit zu rechnen, dass ein Bußgeld verhängt oder im Extremfall das Unternehmen für eine bestimmte Zeit geschlossen werden kann.

2.6.2 Berufsgenossenschaften

Unsere Berufsgenossenschaften sind zwar keine klassischen Behörden mehr, aber sie vertreten lebenswichtige, hoheitliche Aufgaben; alle Unternehmen sind Zwangsmitglied in mindestens einer Berufsgenossenschaft. Gerade der Brandschutzbeauftragte sollte die Berufsgenossenschaft als helfenden Partner anstatt als störende, kontrollierende Institution sehen und deren kostenlos zur Verfügung gestelltes Fachwissen nutzen.

2.6.3 Feuerwehren

Es gibt grundsätzlich zwei Arten von **Feuerwehren**, die öffentlichen und die privaten. Daneben gibt es noch die Möglichkeit einer sog. Pflichtfeuerwehr, wenn eine Freiwillige Feuerwehr nicht zur Entstehung gelangt ist. Aktuell gibt es in Deutschland vier Pflichtfeuerwehren (Stand 2023): Feuerwehr Altwarp in Mecklenburg-Vorpommern, Feuerwehr Burg (Dithmarschen) in Schleswig-Holstein, Feuerwehr Friedrichstadt in Schleswig-Holstein und die Feuerwehr List auf Sylt in Schleswig-Holstein.

Zu den öffentlichen Wehren zählen:

- die Berufsfeuerwehren,
- die Freiwilligen Feuerwehren (mit und ohne ständige Besetzung).

Hat ein Betrieb eine private Feuerwehr gebildet, übernimmt diese die Aufgaben der Gefahrenabwehr sowie des Brandlöschens, aber lediglich auf dem Werkgelände.

Die privaten Wehren sind z. B.:

- die Flughafenfeuerwehr,
- die Werkfeuerwehr (Möglichkeit der Anerkennung nach Landesrecht – sinnvoll!),
- die Betriebsfeuerwehr (mit oder ohne ständige Anwesenheit und mit unterschiedlichen personellen und materiellen Ausstattungen).

Die **Betriebsfeuerwehr** ist eine werkeigene Feuerwehr, die nicht nach Landesrecht anerkannt ist; es gibt welche mit und ohne ständige Wache (s. u.). Meist wird sie aufgrund der Forderung des Feuerversicherers eingerichtet. Ausrüstung und Personalanzahl wird mit der Feuerversicherung abgesprochen, üblich sind: Feuerwehrhaus, mindestens ein Tragkraftspritzenfahrzeug und eine Gruppe mit mindestens neun Einsatzkräften. Eine Betriebsfeuerwehr verfügt ggf. auch über weitere Fahrzeuge, die aber nicht genormt sein müssen. Eine **Betriebslöschgruppe** indes ist eine Gruppe von Mitarbeitern, die erste praktische Erfahrungen im Brandschutz aufweist sowie mindestens über Löschschläuche verfügt – und im Niveau also deutlich unterhalb der Betriebsfeuerwehr liegt.

Betriebsfeuerwehren ohne ständige Wache verfügen über eine Feuermeldestelle, ein Feuerwehrhaus sowie mindestens eine Tragkraftspritze mit Transportfahrzeug; sie haben eine Schichtstärke in der Betriebszeit von neun Mann, deren Alarmierung auf dem Werkgelände stattfinden muss. Außerhalb der Arbeitszeit ist die Truppe nicht anwesend.

Die **Betriebsfeuerwehr mit ständiger Wache** besteht ebenfalls aus einer Feuermeldestelle, einem Feuerwehrhaus und mindestens einer Tragkraftspritze mit Transportfahrzeug. Die Schichtstärke in der Betriebszeit beträgt neun Personen, die Schichtstärke in der betriebsfreien Zeit beträgt pro Trupp drei Mann. Hier muss die Alarmierung auf dem Werkgelände erfolgen und darüber hinaus auch noch in den Wohnungen der Mitglieder.

Werkfeuerwehren dagegen haben eine Anerkennung nach Landesrecht. Dadurch unterscheiden sie sich von den Betriebsfeuerwehren. Sie verfügen über eine Feuerwehrleitstelle oder eine Feuermeldestelle, ein Feuerwehrhaus und mindestens ein Löschgruppenfahrzeug der Kategorie LF 8 oder LF 16. Die Schichtstärke beträgt mindestens eine Gruppe à neun Personen, deren Alarmierung auf dem Werksgelände und möglichst auch in den Wohnungen erfolgt. Eine Werkfeuerwehr mit überwiegend hauptberuflichen Einsatzkräften hat eine Anerkennung nach Landesrecht, eine Feuerwehrleitstelle und eine Feuerwache; das Feuerwehrhaus darf bis zu drei Kilometern entfernt liegen. Sie hat ein Löschgruppenfahrzeug LF 8 oder LF 16, die Schichtstärke auf der Feuerwache (überwiegend hauptberufliche Einsatzkräfte) liegt bei mindestens fünf Personen. Darüber hinaus sind auf dem Werkgelände noch mindestens vier Einsatzkräfte; deren Alarmierung erfolgt in der Feuerwache, auf dem Werkgelände und auch in den Wohnungen der Einsatzkräfte.

Die für das Unternehmen zuständige **(öffentliche) Feuerwehr** muss die Möglichkeit haben, jedes Unternehmen in Ruhe **begehen** zu können, um sich auf den Ernstfall möglichst effektiv vorzubereiten. So ist der Feuerwehr zu zeigen, wie die architektonischen und räumlichen Gegebenheiten sind, wo umwelt- oder brandgefährlichen Gefahrstoffe gelagert sind (Achtung, das kann auch Abfall sein!) und wo eventuell gefährlichen Prozesse ablaufen.

Auch über die Art und Anordnung von Hydranten ist die Feuerwehr zu informieren. Die Feuerwehr soll diese Informationen mündlich und schriftlich erhalten, fachkundige Firmenangehörige begleiten den Rundgang. Derartige Kontrollgänge sollten jährlich oder zweijährlich abgehalten werden. Aufgrund der beruflichen Schadenerfahrungen der Feuerwehren kann jedes Unternehmen von diesen meist kostenlosen, aber wertvollen Ratschlägen profitieren (vor allem wichtig für den Feuerwehreinsatzplan).

2.6.4 Versicherungen

Anders als bei den fünf gesetzlichen Sozialversicherungen (Rente, Unfall, Krankheit, Arbeitslosigkeit, Pflege) besteht für private **Versicherungen** weder die Pflicht, Versicherungsschutz zu gewährleisten, noch gibt es eine Pflicht für Unternehmen, die Gebäude, deren Inhalte und Betriebsunterbrechungen zu versichern – das war vor ca. 25 Jahren noch anders; damals musste man in zumindest einigen Bundesländern Gebäude versichern. Das ist aufgrund von EU-Recht entfallen; soll heißen, heute sind Gebäudeversicherungen fakultativ und nicht mehr obligatorisch. Üblich sind jedoch für Unternehmen die drei Arten von Feuerversicherungen gegen **Gebäudeschäden**, Beschädigung des **Inhalts** und **Betriebsunterbrechungen**.

Es ist nicht einfach zu eruieren, wie viele Schäden die Brände in Deutschland ausmachen, denn keine Institution summiert alle Brandschäden. Man kann aber als gesichert ansehen, dass pro Jahr allein in Deutschland volkswirtschaftliches Vermögen von mehr als 8 Mrd. € durch Feuer vernichtet wird. Nach Statistiken der Versicherer ereignen sich rund 200 Feuer-Großschäden pro Jahr, mit jeweils mehr als 1 Mio. € Schadensaufwand. Demnach tritt durchschnittlich alle 44 Stunden ein Großbrand in Deutschland auf. Versicherer sind daher nicht bereit, jedes Risiko zu zeichnen (ca. alle 26 Stunden stirbt eine Person in Deutschland durch ein Feuer). Die Höhe der zu erbringenden Versicherungsprämie ist in vielen Fällen nur noch zweitrangig. Vielmehr entscheidet ein schlüssiges und kompetentes Brandschutzkonzept über die Übernahme oder Ablehnung eines Risikos für die Versicherungen – nichtbrennbare Dämmstoffe gewinnen hier zunehmend mehr an Bedeutung! Ein guter Brandschutzstandard zahlt sich also auch auf der monetären Seite durch deutlich geringere Prämien für den Betrieb bei allen drei Feuer-Versicherungsarten aus. So können für folgende Risikofaktoren Rabatte eingeräumt werden:

- **Anlagentechnischer Brandschutz,** wie z. B. automatische Entrauchungsanlagen, Brandmeldeanlagen und Brandbekämpfungsanlagen, wie z. B. Sprinkleranlagen.

- **Baulicher Brandschutz,** wie nichtbrennbare Bau- und Dämmstoffe, kleine Brandabschnitte, intakte Brandwände, gewartete Brandschutztüren u. a. m.
- **Organisatorische Brandschutzmaßnahmen,** wie das Erstellen einer Brandschutzordnung, die Bestellung eines Brandschutzbeauftragten und einiger Brandschutzhelfer, die Schulung der Belegschaft u. a. m.

Die allgemeinen **Sicherheitsvorschriften** der Feuerversicherer für Fabriken und gewerbliche Anlagen (ASF), offiziell auch VdS 2038 genannt, sind für alle gewerblichen und industriellen Unternehmen verbindlich, die bei deutschen Versicherungen Verträge haben. Neben den gesetzlichen und behördlichen gelten demnach die vereinbarten, gegebenenfalls weitergehenden Sicherheitsvorschriften. Die Brandverhütungsvorschriften für Fabriken und gewerbliche Anlagen sind in den Betriebsstätten auszuhängen und allen im Unternehmen Beschäftigten bekannt zu geben. Nach § 7 der Allgemeinen Bedingungen für die Feuerversicherung (AFB) kann der Versicherungsschutz beeinträchtigt werden, wenn Sicherheitsvorschriften nicht eingehalten werden. Und eine „Beeinträchtigung" kann zwischen 1 und 99 % der Schadenhöhe liegen; es ist also im Interesse des Unternehmens, dass es möglichst gar keine Beeinträchtigungen gibt. Betriebsbedingte Sonderregelungen sind möglich – sie bedürfen zwar einer besonderen Vereinbarung, sind aber eher die Regel als die Ausnahme. Wichtig ist, dass man vor dem Eintritt eines Schadens mit dem Versicherer einvernehmlich über solche ggf. prekäre Situationen spricht und nicht abwartet und hofft, dass es gut gehen werde.

2.7 Kontrollfragen

Die nachfolgenden Fragen sollen eine rasche Überprüfung des bis jetzt vermittelten Wissens ermöglichen und so die Vorbereitung auf die Prüfung zum Brandschutzbeauftragten erleichtern. Es folgen vier Fragen zum Thema „Behörden, Feuerwehren und Versicherungen", wobei Mehrfachnennungen teilweise möglich sind. Die Antworten zu den Fragen finden sich am Ende des Buchs.

2

Kontrollfragen

1. **Wozu sind Behörden verpflichtet?**
   a) Unternehmen müssen in Abständen von ≤ 5 Jahren begangen werden.
   b) Behörden müssen Unternehmen über neue gesetzliche Regelungen informieren.
   c) Behörden müssen bei ihnen bekannt gewordenen Mängeln, die als erheblich eingestuft werden, aktiv werden.
   d) Behörden müssen die von den Feuerversicherungen erlassenen Erleichterungen als Abweichungen genehmigen.
   e) Behörden müssen für ausreichend Löschwasser sorgen.
   f) Behörden müssen die für ein Unternehmen nötige Feuerwehr stellen.

2. **Welche Arten von privaten, nichtöffentlichen Feuerwehren kann es in Deutschland geben?**
   a) Freiwillige Feuerwehren mit ständiger Wache,
   b) Berufsfeuerwehren,
   c) Flughafenfeuerwehr,
   d) Werkfeuerwehren,
   e) Betriebsfeuerwehr,
   f) Betriebslöschgruppe,
   g) Freiwillige Feuerwehren ohne ständige Wache.

3. **Was fordert die ASF (Allgemeine Sicherheitsvorschriften der Feuerversicherungen)?**
   a) Sicherheitsvorschriften sind den Vorgesetzten bekannt zu geben.
   b) Ein Auszug aus der ASF ist auszuhängen.
   c) Die ASF ist jedermann bekanntzugeben, ggf. in der Landessprache.
   d) Es sind nichtbrennbare Baustoffe für Lager- und Produktionshallen zu wählen.
   e) Je 2 Handfeuerlöscher à 6 kg Löschmittel für 250 m^2 Grundfläche.
   f) Brandwände nach 40 m.

4. **Darf eine Feuerversicherung an ein Unternehmen weitergehende Forderungen hinsichtlich des Brandschutzes stellen, als es staatliche Behörden und Institutionen tun?**
   a) Nein, das verbietet das Versicherungsvertragsgesetz.
   b) Ja, das ist üblich.
   c) Ja, wenn es vom Bauamt genehmigt bzw. freigegeben ist.
   d) Die Versicherung darf nur unverbindliche Ratschläge erteilen.
   e) Das ist unüblich, denn die Behörden fordern bereits ein Maximum an Brandschutz.
   f) Das sind kaufmännische Themen, die den Brandschutzbeauftragten nichts angehen.

3 Rechtliche Grundlagen

Prüfungsrelevanz

Als Brandschutzbeauftragter hat man sehr viel mit Gesetzen und Bestimmungen zu tun – auch wenn man beruflich vielleicht etwas ganz anderes wie Ingenieur, Haustechniker, Krankenpfleger oder Mechaniker gelernt hat. Die wichtigsten Gesetze, Vorordnungen, Normen und Regeln sollen daher im Folgenden aufgeführt und teilweise auch erläutert werden.

Da das Bauordnungsrecht Ländersache ist, finden sich Brandschutzvorgaben für Gebäude vor allem in den jeweiligen Landesbauordnungen (LBO). Weiter zu beachten gilt es die Gesetze zum Arbeitsschutz, die fünf einschlägigen Verordnungen (Arbeitsstättenverordnung, Betriebssicherheitsverordnung, Gefahrstoffverordnung, Biostoffverordnung und Baustellenverordnung), dann deren nachfolgende Regeln (ASR, TRBS, TRGS, RBA und RAB) sowie die privatrechtlichen Vorgaben von Versicherungen. Bei den Technischen Regeln gibt es viele, die spezifisch für bestimmte Arbeitsbereiche oder Unternehmensarten konzipiert sind. Hinzu kommt eine fast unüberschaubar große Anzahl an Vorschriften, Regeln, Informationen und Grundsätzen, die von den Berufsgenossenschaften erstellt werden und die meist sehr gut, informativ und pragmatisch sind.

3.1 Ziele des Brandschutzes

Brandschutz dient primär der Vermeidung von Bränden. Daneben gibt es weitere **Ziele** des Brandschutzes, über die die Bauordnungen (LBO) der jeweiligen Bundesländer Auskunft geben: „Gebäude müssen so beschaffen sein, dass der Entstehung eines Brands und der Ausbreitung von Feuer und Rauch vorgebeugt wird und bei einem Brand die Rettung von Menschen und Tieren sowie wirksame Löscharbeiten möglich sind“ (Auszug aus allen 16 Landesbauordnungen). Dieser Satz stellt Ziele in den Vordergrund, ohne konkrete Wege aufzuweisen – hier ist also der Brandschutzbeauftragte gefordert, individuelle Lösungen zu kreieren. Hieraus ergibt sich die folgende Prioritätenliste:

1. Menschenleben nicht gefährden,
2. Brandentstehung vermeiden,
3. Rauchausbreitung vermeiden,
4. Brandausbreitung vermeiden,

5. Flucht der Menschen im Gebäude ermöglichen,
6. Feuerwehreinsatz ermöglichen,
7. Rettung von Menschen ermöglichen,
8. Rettung von Tieren ermöglichen.

Weitere Ziele im Brandschutz, gesetzlich nicht geregelt, aber meist von den Unternehmern gewünscht, lauten:

- Sachschäden in Gebäuden vermeiden,
- Gebäudebeschädigungen vermeiden,
- Betriebsunterbrechungen vermeiden/minimieren,
- für Redundanzen sorgen, damit es durch ein Feuer nicht zu einer Unterbrechung kommt.

Die Bauordnungen geben hier nur abstrakte Ziele vor – ohne aber exakt zu sagen, wie diese Ziele zu erreichen sind. Dies führt dazu, dass man nicht einen einzigen Lösungsweg umsetzen muss, sondern dass es häufig Alternativen gibt. Manches ist preiswerter, manches effektiver und in Unternehmen A kann das anders beurteilt und gesehen werden als in Unternehmen B. Gleiches gilt im Übrigen auch für die Technischen Regeln, die oft auf Gefährdungsbeurteilungen Bezug nehmen. Eine bestimmte Aufgabenstellung kann in gleichartigen Unternehmen also zu unterschiedlichen Lösungsansätzen führen; die eine Lösung muss nicht zwingend „besser" als die andere sein. Vertieft dargestellt sind die Schutzziele in Kapitel 6.1.6.

3.2 Aufgaben und Stellung des Brandschutzbeauftragten

Es ist immer eine individuelle und unternehmensinterne Entscheidung, in welchem Umfang und mit welchen **Kompetenzen** ein Brandschutzbeauftragter bestellt wird. Ideal ist es (abhängig von der Größe des Unternehmens), den Brandschutz als eigenständigen Bereich im Unternehmen zu implantieren. Der Mitarbeiter oder die Abteilung kann die Aufgabe dann haupt- oder nebenberuflich ausführen, wobei es dem Brandschutzbeauftragten hauptsächlich darum geht, Brandrisiken präventiv zu erkennen, Brandschutzmaßnahmen präventiv umzusetzen, die Belegschaft zu schulen sowie den Kontakt zur Geschäftsleitung zu halten.

Gleichzeitig sind die bereits getroffenen Brandschutzmaßnahmen konstruktiv-kritisch zu prüfen hinsichtlich Aktualität, Effektivität und Effizienz sowie daraufhin, ob gegebenenfalls eine externe Person hinzugezogen werden muss. Die 26 möglichen **Aufgaben** eines **Brandschutzbeauftragten** werden in der DGUV Information 205-003 klar geregelt (Reihenfolge ohne Wertung) und haben sich in der Fassung von 2020 gegenüber früheren Fassungen auch nicht verändert:

1. Erstellen bzw. Fortschreiben der Brandschutzordnungen
2. Mitwirken bei Beurteilungen der Brandgefährdung an Arbeitsplätzen (Gefährdungsbeurteilung)
3. Beraten bei feuergefährlichen Arbeitsverfahren und beim Einsatz brennbarer Arbeitsstoffe
4. Mitwirken bei der Ermittlung von Brand- und Explosionsgefahren
5. Mitwirken bei der Ausarbeitung von Betriebsanweisungen soweit sie den Brandschutz betreffen
6. Mitwirken bei baulichen, technischen und organisatorischen Maßnahmen, soweit sie den Brandschutz betreffen
7. Mitwirken bei der Umsetzung behördlicher Anordnungen und bei Anforderungen des Feuerversicherers, soweit sie den Brandschutz betreffen
8. Mitwirken bei der Einhaltung von Brandschutzbestimmungen bei Neu-, Um- und Erweiterungsbauten, Nutzungsänderungen, Anmietungen und Beschaffungen
9. Beraten bei der Ausstattung der Arbeitsstätten mit Feuerlöscheinrichtungen und Auswahl der Löschmittel
10. Mitwirken bei der Umsetzung des Brandschutzkonzepts
11. Kontrollieren, dass Flucht- und Rettungspläne, Feuerwehrpläne, Alarmpläne usw. aktuell sind, ggf. Aktualisierungen veranlassen und dabei mitwirken
12. Planen, Organisieren und Durchführen von Räumungsübungen
13. Teilnehmen an behördlichen Brandschauen und Durchführen von internen Brandschutzbegehungen
14. Melden von Mängeln sowie Vorschlagen von Maßnahmen zu deren Beseitigung und Überwachen der Mängelbeseitigung
15. Unterstützen der Führungskräfte bei den regelmäßigen Unterweisungen der Beschäftigten im Brandschutz
16. Aus- und Fortbilden von Beschäftigten mit besonderen Aufgaben im Brandfall, z. B. in der Handhabung von Feuerlöscheinrichtungen
17. Prüfen der Lagerung und/oder der Einrichtungen zur Lagerung von brennbaren Flüssigkeiten, Gasen usw

3

18. Kontrollieren der Sicherheitskennzeichnungen für Brandschutzeinrichtungen und für die Flucht- und Rettungswege
19. Überwachen der Benutzbarkeit von Flucht- und Rettungswegen
20. Organisation der Prüfung und Wartung von brandschutztechnischen Einrichtungen
21. Kontrollieren, dass festgelegte Brandschutzmaßnahmen insbesondere bei feuergefährlichen Arbeiten eingehalten werden
22. Mitwirken bei der Festlegung von Ersatzmaßnahmen bei Ausfall und Außerbetriebsetzung von brandschutztechnischen Einrichtungen
23. Unterstützen des Unternehmers bei Gesprächen mit den Brandschutzbehörden und Feuerwehren, den Feuerversicherern, den Unfallversicherungsträgern, den staatlichen Arbeitsschutzbehörden usw
24. Stellungnahme zu Investitionsentscheidungen, die die Belange des Brandschutzes betreffen
25. Mitwirken bei der Implementierung von präventiven und reaktiven (Schutz)Maßnahmen im Notfallmanagement z. B. für kritische Infrastrukturen (Stromausfall), für lokale Wetterereignisse mit Schadenspotential (extreme Hitze-/Kältewelle, Starkregen, Sturm, Hagel Schneelast etc.)
26. Dokumentieren der Tätigkeiten im Brandschutz

Darüber hinaus kann es noch den nachfolgenden Punkt geben:

27. Individuelle weitere Aufgaben gemäß der Absprache und des Vertrags zwischen Firmenleitung und dem Brandschutzbeauftragten

Diese 26 Aufgaben haben es in sich. Es empfiehlt sich, diese Punkte noch einmal und in aller Ruhe zu lesen und sich dabei Wort für Wort zu überlegen, ob man die jeweilige Aufgabe selbst leisten kann und leisten muss – oder inwieweit sie vielleicht von anderen (intern oder extern) umzusetzen ist. Somit entsteht ein hoffentlich lückenloses Schutzkonzept ohne Überschneidungen oder Lücken.

3.3 Verantwortung für den Brandschutz im Betrieb

Brand- und Explosionsschutz wird aus unterschiedlichen Gründen und mit unterschiedlichen Zielen betrieben. So gibt es eine Reihe von gesetzlichen Auflagen, die Unternehmer einerseits zur Herstellung brandsicherer Gegenstände verpflichten, andererseits aber auch dazu, ihre Produktions-, Lager-, Wohn- und Verwaltungsgebäude brandsicher zu gestalten. Es ist im Einzelfall eine oft schwierig zu lösende Frage, wer die **Verantwortung** für Brände und Explosionen zu tragen hat:

- Firmenintern sieht die Verantwortung so aus, dass die des **Unternehmers** in § 10 Arbeitsschutzgesetz (ArbSchG) und in § 22 DGUV Vorschrift 1 geregelt ist.
- Die Verantwortung des **Brandschutzbeauftragten** findet sich nicht konkret niedergeschrieben, da es diese Funktion in der sicherheitstechnischen Gesetzgebung so nicht gibt (zu den möglichen Haftungsfragen sogleich).
- **Koordinatoren** finden Regelungen in § 6 DGUV Vorschrift 1.
- **Sicherheitsfachkräfte** schauen im Arbeitssicherheitsgesetz (ASiG) sowie in § 19 der DGUV Vorschrift 1 nach.
- **Sicherheitsbeauftragte** sowie **Brandschutzhelfer** werden fündig in § 22 SGB VII und in § 20 DUGV Vorschrift 1.
- Auch **Betriebsräte** haben Verantwortung, vgl. §§ 87 ff. Betriebsverfassungsgesetz (BetrVG). Sie müssen konstruktiv mit den Sicherheitsfachkräften zusammenarbeiten (§ 89 BetrVG).
- Die **Firmenmitarbeiter** finden ihre Vorgaben in den §§ 15 ff. der DGUV Vorschrift 1.

Verantwortlich ist grundsätzlich „der Unternehmer" – und Unternehmer ist, wer etwas unternimmt, etwa einen Dienstwagen zu fahren, ein Loch in die Wand zu bohren oder eine Anlage zu betreiben. Somit ist praktisch jeder aktive Mensch verantwortlich (vgl. § 823 BGB) für sein Tun und auch für sein Unterlassen (also Dinge, die er nicht getan hat, aber hätte tun müssen).

3.4 Haftung des Brandschutzbeauftragten

Für Mitarbeiter eines Unternehmens ist es natürlich von großem Interesse, zu erfahren, ob sie jetzt, da sie zusätzlich noch Brandschutzbeauftragte sind, eine größere oder weitergehende Verantwortung tragen. Dazu ist insbesondere auf das Bürgerliche Gesetzbuch (BGB) und das Strafgesetzbuch (StGB) einzugehen. Pauschal kann gesagt werden, dass Brandschutzbeauftragte nicht mehr Verantwortung haben als andere Personen in Unternehmen. Auf einem Brandschutzkongress in München sagte eine Staatsanwältin einmal: „Mir ist kein Brandschutzbeauftragter bekannt, der in Deutschland im Gefängnis sitzt!" Das mag einerseits beruhigend wirken – soll aber bitte andererseits nicht zur Sorglosigkeit oder Nachlässigkeit führen!

3.4.1 Bürgerliches Gesetzbuch

Grundsätzlich trägt die **Verantwortung** für die Sicherheit im Unternehmen der **Arbeitgeber** und die vorgesetzten Personen und nicht der Brandschutzbeauftragte; dies steht in § 3 ArbSchG. Wie schon angesprochen, zeigt auch der Titel „Beauftragter“, dass man lediglich für etwas – hier den Brandschutz – beauftragt ist, es müsste ja sonst „Verantwortlicher“ heißen. Darum haben Brandschutzbeauftragte in der Regel auch kein Weisungsrecht. Allerdings tragen wir alle, egal ob am Arbeitsplatz oder privat, auch wenn wir keine Brandschutzbeauftragten sind, Verantwortung für unser eigenes Verhalten. Treten dadurch Schäden ein, machen wir uns grundsätzlich schadensersatzpflichtig.

§ 823 BGB (Unerlaubte Handlung)

Aus dem Bürgerlichen Gesetzbuch einschlägig ist dann **§ 823 BGB** (sog. Unerlaubte Handlung): Fügt eine Person **vorsätzlich** oder **fahrlässig** einer anderen einen Schaden zu, so hat sie dem Geschädigten den entstandenen Schaden zu ersetzen. Geschützt sind die Rechtsgüter Eigentum, Gesundheit, Körper, Freiheit und gewisse sonstige Rechte.

Dies bedeutet, dass der Brandschutzbeauftrage, wie jeder andere Arbeitnehmer auch, für eigenes vorsätzliches oder fahrlässiges Verhalten einstehen muss. **Vorsätzlich** handelt, wer die Rechtsgutsverletzung (den Schaden) wissentlich und willentlich herbeiführt.

Für den Arbeitnehmer relevant zu wissen ist, was unter **Fahrlässigkeit** zu verstehen ist. Fahrlässig handelt nach der Definition des § 276 BGB, wer die im Verkehr erforderliche Sorgfalt, also die objektiven Sorgfaltspflichten, außer Acht lässt. Wer die objektiven Sorgfaltspflichten in besonders großem Maße ignoriert, handelt grob fahrlässig. Zur Verdeutlichung des Begriffes der Fahrlässigkeit nachfolgend ein paar Beispiele.

Ein Brandschutzbeauftragter sieht folgendes, unternimmt aber nichts:

a) Plötzlich sind mehrere große Akkus am Boden in der Produktion gelagert.
b) Es wird außen ein Bretterverschlag an die Montagehalle angebaut.
c) Über Jahre hinweg gibt es keine Brandschutzunterweisungen für die Belegschaft.
d) Die gesamte Brandschutztechnik oder Teile davon (Feuerlöscher, Entrauchung, Brandschutztüren, Löschanlagen, ...) werden nicht gewartet.

In allen vier Fällen hat der Brandschutzbeauftragte seine ihm obliegenden Brandschutzaufgaben fahrlässig außer Acht gelassen. Entstehen dem Unternehmen, Dritten (Besucher) oder Kollegen hierdurch Schäden, ist zu differenzieren:

Schädigung des Arbeitgebers

Wird der **Arbeitgeber** durch lediglich **leicht fahrlässiges Handeln** des Brandschutzbeauftragten geschädigt, greift zu Gunsten des Brandschutzbeauftragten eine von der Rechtsprechung entwickelte **Haftungserleichterung** ein. Der Arbeitnehmer muss den beim Arbeitgeber entstandenen Schaden dann nicht bezahlen.

Verhält sich der Arbeitnehmer mit **mittlerer Fahrlässigkeit**, so haftet er nach dem Grad seines Verschuldens (Quotelung). Beim Punkt a), dem Beispiel mit den am Boden stehenden Akkus, ist daher die Schadensvergrößerung in Relation zum Aufstellen in einem eigenen Raum mit Wanne ausschlaggebend; und es kommt darauf an, wie lange die Akkus dort schon standen und wann der Brandschutzbeauftragte davon erfahren hat bzw. zumindest hätte erfahren können (z. B. weil er seit Wochen keine Begehung mehr gemacht hat). Allerdings muss auch hier die Verhältnismäßigkeit gewahrt werden – es sind daher wenig Fälle bekannt, bei denen ein Unternehmen einen Mitarbeiter vor Gericht gezogen hätte. Generell gilt, dass der Arbeitgeber das Verschulden des Mitarbeiters beweisen muss, § 619 a BGB.

Eine Haftung des Brandschutzbeauftragten besteht allerdings (wie bei jeder anderen Person im Unternehmen), wenn er sich **grob fahrlässig** verhält. Dann muss der Arbeitnehmer selber dafür geradestehen. Es gibt auch keine Obergrenze wie z. B. drei Monatsgehälter – eine Zahl, die immer wieder fälschlicherweise zu lesen ist. Das ist auch leider nicht mit einer betrieblichen oder privaten Haftpflichtversicherung abzudecken (bzw. maximal bis 10.000 €, sofern eine Klausel „Schädigung des Arbeitgebers" im Versicherungsvertrag enthalten ist). Trägt der Arbeitgeber eine **Mitschuld** an der Entstehung des Schadens (z. B. durch schlechte Brandschutzorganisation oder mangelnde Überwachung des Brandschutzbeauftragten), haftet er ebenfalls mit.

Schädigung Dritter

Werden **Dritte** (z. B. Besucher) durch grob fahrlässiges Verhalten des Brandschutzbeauftragten **geschädigt**, so muss dieser den entstandenen Schaden ersetzen. Bei leicht oder mittel fahrlässigem Verhalten kann der Arbeitnehmer von seinem Arbeitgeber verlangen, dass dieser die Schäden übernimmt (sogenannter Freistellungsanspruch). Diese Fälle hat der Arbeitgeber in der Regel über seine Betriebshaftpflichtversicherung abgedeckt. Der Arbeitgeber bzw. die Versicherung werden den Schaden dann (anteilig) übernehmen.

Schädigung von Arbeitskollegen

Bei der **Schädigung von Arbeitskollegen** gibt es eine Spezialregelung aus dem Sozialgesetzbuch, Siebtes Buch (§ 105 SGB VII). Danach muss ein Arbeitnehmer, der durch seine berufliche Tätigkeit einen anderen Arbeitnehmer verletzt hat, den entstandenen Personenschaden nur dann ersetzen, wenn er den Versicherungsfall vorsätzlich herbeigeführt hat. In den Fällen, in denen der Arbeitnehmer fahrlässig gehandelt hat, muss er nichts bezahlen. Der Geschädigte bekommt sein Geld dann von der gesetzlichen Unfallversicherung (Berufshaftpflicht des Arbeitgebers).

In aller Kürze zusammengefasst: Grundsätzlich haftet jeder Arbeitnehmer bei grob fahrlässigem Verhalten (bei Vorsatz ohnehin!), nicht jedoch bei leicht fahrlässigem Verhalten. Bei mittlerer Fahrlässigkeit wird gequotelt.

3.4.2 Strafgesetzbuch

Im Zusammenhang mit der Tätigkeit des Brandschutzbeauftragten stellt sich auch die Frage nach **strafrechtlichen Konsequenzen**, wenn der Brandschutzbeauftragte seine Aufgaben nachlässig erfüllt und dadurch andere zu Schaden kommen.

In der Regel wird ein Schaden nicht durch aktives Tun, sondern durch **Unterlassen** von vorzunehmenden Handlungen durch den Brandschutzbeauftragten eintreten. Ein Beispiel mag sein, dass der Brandschutzbeauftragte Kontrollgänge nicht durchführt oder auf Brandgefahren, die ihm im Betrieb auffallen, nicht hinweist.

§ 13 StGB (Strafbarkeit durch Unterlassen)

An die Strafbarkeit von Unterlassen stellt das deutsche Strafrecht indes höhere Anforderungen als an eine Strafbarkeit durch aktives Tun. Einschlägige Norm hierfür ist § 13 StGB. Erforderlich ist, dass man **rechtlich** dafür **einzustehen** hat, dass ein bestimmter „Erfolg“ nicht eintritt. Die Rechtspflicht des Brandschutzbeauftragten kann sich dabei (muss aber nicht zwingend) aus § 13 ArbSchG ergeben, da ihm gewisse Brandschutzaufgaben übertragen wurden.

Wenn dann durch nachlässiges Verhalten Menschen (Kollegen oder Dritte) zu Schaden kommen, wird eine Strafbarkeit wegen fahrlässiger Körperverletzung durch Unterlassen (§§ 229, 13 StGB) in Betracht kommen, bzw. fahrlässige Tötung durch Unterlassen (§§ 212, 13 StGB). Fahrlässig handelt nach der strafrechtlichen Definition, wer die im Verkehr erforderliche Sorgfalt außer Acht lässt, obwohl er dazu objektiv sowie nach seinen persönlichen Fähigkeiten in der Lage wäre (sog. Vorhersehbarkeit und Vermeidbarkeit des schädigenden Erfolges).

§ 319 StGB (Baugefährdung)

Ein weiterer wichtiger Straftatbestand ist § 319 StGB (**Baugefährdung**). Dieser besagt: „Wer bei der Planung, Leitung oder Ausführung eines Baus oder dessen Abbruch gegen die allgemein anerkannten Regeln der Technik verstößt und dadurch Leib oder Leben eines anderen Menschen gefährdet, wird mit Freiheitsstrafe bis zu 5 Jahren oder mit Geldstrafe bestraft." Das kann vor allem bei Neu- und Umbauarbeiten relevant werden und zeigt, dass auch Technische Regeln verbindlich sein und zur Beurteilung von schädigenden Situationen wie Unfälle oder Brände herangezogen werden können. Dies wird vor allem für den Unternehmer von Bedeutung sein. Technische Regeln empfehlen – im Gegensatz zu Gesetzen und Verordnungen – konkrete brandschutzrelevante Punkte, insbesondere die TRGS (400, 510, 800 u. a. m.) und TRBS (1111, 2152 u. a. m.).

§ 306 ff. StGB (Brandstiftung)

Von brandschutzrelevanter Bedeutung ist des Weiteren die **Brandstiftung**. Diese ist abgestuft geregelt in den §§ 306 bis 306f StGB. Nach dem **Grundtatbestand** des § 306 StGB wird mit Freiheitsstrafe von einem Jahr bis zu zehn Jahren bestraft, wer fremde Gebäude oder Hütten, Betriebsstätten oder technische Einrichtungen, namentlich Maschinen, Warenlager oder Kraftfahrzeuge in Brand setzt oder durch eine Brandlegung ganz oder teilweise zerstört.

Ein „Inbrandsetzen" liegt vor, wenn ein wesentlicher Teil eines Objekts derart vom Feuer erfasst ist, dass es selbständig fortbrennen kann. Ein „durch Brandlegung zerstören" liegt vor, wenn das Objekt ganz oder teilweise zerstört wurde, ohne dass das Feuer aus eigner Kraft fortbrennen konnte. Letzteres kommt vor allem dann zum Tragen, wenn feuerresistente Materialien nicht brennen, sondern „nur" verkokeln.

Die **fahrlässige Brandstiftung** ist in § 306d StGB geregelt. Zu beachten ist, dass in diesem Paragrafen nicht zwischen Fahrlässigkeit und grober Fahrlässigkeit unterschieden wird. Selbst das „Herbeiführen einer Brandgefahr" kann übrigens heute nach dem Strafgesetzbuch geahndet werden!

§ 263 StGB (Versicherungsbetrug durch Brandstiftung)

In § 263 Abs. 3 Nr. 5 StGB ist der **Versicherungsbetrug durch Brandstiftung** geregelt. Bestraft wird, wer einen Versicherungsfall vortäuscht, nachdem er oder ein anderer zu diesem Zweck eine Sache von bedeutendem Wert (z. B. Haus, Firmengebäude) in Brand gesetzt hat. Nachrangig greift § 265 StGB

(Versicherungsmissbrauch) ein. Als konkreter Schutz vor Brandstiftung von außen ist anzuraten, mehrere Maßnahmen gleichzeitig umzusetzen. Das kann eine Erhöhung der Zaunanlage sein, die Installation von Kameras, die Anschaffung von Werkschutz (Rundgänge mit Hunden), die Anschaffung einer Sprinkleranlage oder auch Einbruchmeldeanlagen (Geländeüberwachung, Gebäudeaußenhaut, Innenraummelder) oder die einbruchhemmende Ausbildung der Gebäudefassade.

§ 145 StGB (Missbrauch von Notrufen)

§ 145 StGB stellt den **Missbrauch von Notrufen** und die **Beeinträchtigung von Unfallverhütungs- und Nothilfemitteln** unter Strafe. Unfallverhütungs- und Nothilfemittel sind z. B. persönliche Schutzausrüstungen, Handfeuerlöscher, Hydranten oder Verbandssachen. Es sind bis zu zwei Jahre Haft oder empfindlich hohe Geldstrafen möglich.

Ordnungswidrigkeit

Aber auch wer nicht gegen das Strafgesetz verstößt, kann eine **Ordnungswidrigkeit** begehen: Ordnungswidrig handelt, wer vorsätzlich oder fahrlässig einer vollziehbaren schriftlichen Anordnung der Bauaufsichtsbehörde zuwiderhandelt, wer ohne die erforderliche Baugenehmigung oder abweichend davon Gebäude errichtet, ändert, benutzt oder beseitigt. Ordnungswidrigkeiten können mit Geldbuße bis zu 500.000 € geahndet werden.

3.5 Brandschutzrecht und brandschutztechnische Vorgaben

Für den Brandschutz besonders relevant sind die nachfolgend aufgeführten und im Anschluss näher erläuterten Regelungen. Die einschlägigen Vorgaben der Landesbauordnungen finden sich in Kapitel 6.

Gesetze

- BGB (Bürgerliches Gesetzbuch)
- StGB (Strafgesetzbuch)
- ArbSchG (Arbeitsschutzgesetz)
- ASiG (Arbeitssicherheitsgesetz)
- OWiG (Ordnungswidrigkeitengesetz)
- VVG (Versicherungsvertragsgesetz)
- GPSG (Geräte- und Produktsicherheitsgesetz)
- SGB VII (Siebtes Buch Sozialgesetzbuch)

Baurecht

- LBO (Landesbauordnung)
- BauVorlV (Bauvorlagenverordnung)
- VWV TB (Verwaltungsvorschrift Technische Baubestimmungen)
- VersStättV (Versammlungsstättenverordnung)
- BStättV (Beherbergungsstättenverordnung)
- IndBauRL (Industriebaurichtlinie)
- FeuV (Feuerungsverordnung)
- GaStellV (Garagen- und Stellplatzverordnung)
- VStättV (Verkaufsstättenverordnung)
- BauStellV (Baustellenverordnung)
- LaRL (Leitungsanlagenrichtlinie)
- LüARl (Lüftungsanlagenrichtlinie)

Verordnungen

- ArbStättV (Arbeitsstättenverordnung)
- PSA-BenutzV (Persönliche Schutzausrüstungs-Benutzerverordnung)
- GefStoffV (Gefahrstoffverordnung)
- BetrSichV (Betriebssicherheitsverordnung)
- BaustellV (Baustellenverordnung)
- VVB (Verordnung zur Verhütung von Bränden, Bayern)

Regeln

- **Verschiedene ASR (Arbeitsstätten-Regeln), z. B.:**
  - ASR A1.3 (Sicherheits- und Gesundheitsschutzkennzeichnung)
  - ASR A2.2 (Maßnahmen gegen Brände)
  - ASR A2.3 (Fluchtwege, Notausgänge, Flucht- und Rettungspläne)
- **TR (Technische Regeln), z. B.:**
  - TRBS 1001: Struktur und Anwendung
  - TRBS 1111: Sicherheitstechnische Bewertung
  - TRBS 1121: Aufzugsanlagen
  - TRBS 1201: Prüfung von Arbeitsmitteln
  - TRBS 1203: Befähigte Personen
  - TRBS 2111: Mechanische Gefährdungen

- TRBS 2121: Gefährdung Absturz
- TRBS 2141: Gefährdungen Dampf und Druck
- TRBS 2152: Explosionsfähige Atmosphäre
- TRBS 2210: Gefahr durch Wechselwirkungen
- TRBS 2161: Thermische Gefährdungen
- TRGS 727: Vermeidung von Zündgefahren infolge elektrostatischer Aufladungen
- TRGS (Technische Regeln Gefahrstoffe)
- TRBS (Technische Regeln Betriebssicherheit)

Vorgaben der Berufsgenossenschaften (Vorschriften, Regeln, Informationen und Grundsätze)

- DGUV Vorschrift 1: Grundsätze der Prävention
- DGUV Information 201-004: Gaswarneinrichtung im EX-Schutz
- DGUV Information 213-001: Arbeiten in engen Räumen
- DGUV Information 209-044: EX-Schutz bei Holzstäuben
- DGUV Information 209-046: EX-Schutz bei Lackierarbeiten
- DGUV Regel 113-001: Explosionsschutzregeln
- DGUV-Regel 100-001: Grundsätze der Prävention (i. V. m. der DGUV Vorschrift 1)

DIN-Normen

Zu DIN-Normen ist Folgendes anzumerken (Zitat aus BGH-Urteil vom 14.05.1998, Az. VII ZR 184/97): „DIN-Normen sind keine Rechtsnormen, sondern private technische Regelungen mit Empfehlungscharakter." Es handelt sich bei ihnen also um freiwillige Standards. Ihr Zweck ist es nicht, Unternehmen zu gängeln und diese bei Nichteinhaltung juristisch zu belangen. Primär geht es um sinnvoll standardisierte Maße. So *muss* man in wenig verschmutzten Bereichen beispielsweise seine Rauchmelder eben nicht nach acht Jahren austauschen; sondern die DIN 14675 *empfiehlt* lediglich den Austausch von Rauchmeldern nach acht Jahren: „Wird bei der jährlichen Überprüfung der Funktionsfähigkeit eines Brandmelders ein vom Hersteller vorgegebenes Prüfverfahren verwendet, mit welchem das … festgelegte Ansprechverhalten überprüft und nachgewiesen werden kann, so kann der Brandmelder bis zu dem Zeitpunkt im Einsatz bleiben, bei dem eine nicht zulässige Abweichung festgestellt wird." Doch manche Unternehmen verklären diese DIN zum Gesetz und kreieren so alle acht Jahre fünf- oder sechsstellige Umsätze!

- DIN 4102: Brandverhalten von Baustoffen und Bauteilen
- DIN EN 13501: Klassifizierung von Bauprodukten und Bauarten zu ihrem Brandverhalten
- DIN 18095: Rauchschutztüren
- DIN 14096: Brandschutzordnung
- DIN ISO 23601: Flucht- und Rettungswegepläne
- DIN EN ISO 7010: Graphische Symbole – Sicherheitsfarben und Sicherheitszeichen

Privatrechtliche Vorgaben der Feuerversicherungen (Verband der Schadenversicherungen – VdS)

- VdS 2234 Anforderungen an Brand- und Komplextrennwände
- VdS 3602 Überprüfung der elektrotechnischen Anlagen und Geräte
- VdS 2000 Brandschutz im Betrieb
- VdS 2038 Allgemeine Sicherheitsvorschriften der Feuerversicherer
- VdS 2007 Schutz von IT-Anlagen
- VdS 2000 Brandschutz im Betrieb
- VdS 2009 Brandschutzmanagement
- VdS 2213 Brandschutzausbildung
- VdS 2030 Brandschutzplan
- VdS 2001 Handfeuerlöscher
- VdS 2021 Brandschutz bei Bauarbeiten
- VdS 2047 und VdS 2008 Feuerarbeiten
- VdS 2046 Sicherheit bis 1.000 Volt
- VdS 2015 Elektrogeräte und Einrichtungen
- VdS 2025 Kabel- und Leitungsanlagen
- VdS 2005 Elektrische Leuchten
- VdS 2259 Ladegeräte für Elektrogeräte
- VdS 3103 Lithium-Batterien

Weitere Vorgaben

- VDI (Verein Deutscher Ingenieure e. V.)
- VDE (Verband der Elektrotechnik Elektronik Informationstechnik e. V.)
- VDMA (Verband Deutscher Maschinen- und Anlagenbauer e. V.)

- FM Global (Industriesachversicherung, USA; dort gibt es analog zu den deutschen VdS-Richtlinien Vorgaben für die bei FM Global versicherten Unternehmen).

Praktisch alle dieser Vorgaben sind frei zugänglich und im Internet zu finden. Die das Unternehmen bzw. den Versicherungsvertrag betreffenden VdS-Vorgaben bekommt man üblicherweise auch kostenfrei von der zuständigen Feuerversicherung. Die jeweils einschlägigen DIN-Normen (kostenpflichtig) sind primär nicht gefordertes Recht, sondern die von diesem abgeleiteten Regeln. Daneben gibt es eine Reihe von kommentierten Gesetzesfassungen (z. B. bieten einige Berufsgenossenschaften solche Abhandlungen, wie etwa über die DGUV Vorschrift 1, an), die sehr informativ sind.

3.5.1 Arbeitsschutzgesetz

Das Arbeitsschutzgesetz (**ArbSchG**) fordert für Arbeitsstätten, dass Maßnahmen zu treffen sind, die die Sicherheit (Arbeits- und Brandschutz) am Arbeitsplatz optimieren. Dazu muss es eine Arbeitsschutzorganisation geben. So sind z. B. ganz konkret Brandgefährdungen zu ermitteln und nach Gefährlichkeit zu beurteilen – ggf. sind effektive Vorsorge- und Gegenmaßnahmen zu treffen (vgl. Abbildung 2 und 3).

Das Arbeitsschutzgesetz hat primär die folgenden vier arbeitsschutzrechtlichen Inhalte:

1. **Sicherung und Verbesserung des Gesundheitsschutzes**
2. **Aufgaben und Pflichten des Arbeitgebers**
3. **Aufgaben und Pflichten des Arbeitnehmers**
4. **Durchführung betrieblicher Gefährdungsbeurteilungen**

Aufgaben/Pflichten des Arbeitgebers

Wichtig ist für Arbeitgeber zu verstehen, dass sie als Unternehmer (Unter*nehmer*, nicht Unterlasser) zu agieren haben – und Sicherheit ist eines der Dinge, die man eben zu unternehmen hat. In § 3 ArbSchG werden die Grundpflichten des **Arbeitgebers** allgemein angesprochen. Der Arbeitgeber ist verpflichtet, die erforderlichen **Maßnahmen** des Arbeitsschutzes unter Berücksichtigung aller Umstände zu treffen, die die **Sicherheit und Gesundheit der Beschäftigten** bei der Arbeit beeinflussen können. Er hat die Maßnahmen auf ihre **Wirksamkeit** hin zu überprüfen und erforderlichenfalls den sich ändernden Gegebenheiten anzupassen. Dabei ist eine Verbesserung von Sicherheit und Gesundheitsschutz der Beschäftigten anzustreben.

Bei der Planung und Durchführung der Maßnahmen hat der Arbeitgeber unter Berücksichtigung der **Art der Tätigkeit** und der **Zahl der Beschäftigten** für eine geeignete Organisation zu sorgen. Die erforderlichen **Mittel** sind bereitzustellen. Des Weiteren müssen Vorkehrungen getroffen werden, dass die Maßnahmen bei allen Tätigkeiten beachtet und in die betrieblichen Führungsstrukturen eingebunden werden, sowie die Beschäftigten ihren Mitwirkungspflichten nachkommen können.

Zusätzlich fordert das Arbeitsschutzgesetz vom Arbeitgeber eine Reihe weiterer Maßnahmen, um den Arbeits- und Gesundheitsschutz zu verbessern. Für den Arbeitgeber ergeben sich aus dem ArbSchG die folgenden Grundpflichten:

- Der Arbeitgeber muss die erforderlichen Schutzmaßnahmen unter Berücksichtigung der Umstände treffen, die **am Arbeitsplatz** konkret die Sicherheit und Gesundheit der Beschäftigten beeinflussen, bzw. er muss solche Maßnahmen treffen lassen.
- Der Arbeitgeber muss eine geeignete **Arbeitsschutzorganisation** im Betrieb einführen und die Sach- und Finanzmittel dafür bereitstellen.
- Arbeitsschutzmaßnahmen müssen auf **jeder** betrieblichen **Führungsebene** ergriffen und beachtet werden.
- Kosten für Arbeitsschutzmaßnahmen dürfen nicht zu Lasten der Beschäftigten gehen; sofern kein anderer Kostenträger vorhanden ist, muss der **Arbeitgeber** sie selbst **finanzieren**.
- Bei seinen Schutzmaßnahmen hat der Arbeitgeber allgemeine **Grundsätze der Gefahrenverhütung** zu beachten. Dazu gehört z. B. der Grundsatz der Gefährdungsminimierung. Gefährdungen sind, sofern möglich, ganz zu vermeiden, andernfalls ist die Gefährdung an der Quelle zu bekämpfen und nicht dort, wo sie sich eventuell schädigend auswirken kann.
- Bei den Maßnahmen des Arbeitsschutzes ist der **Stand der Technik** zu berücksichtigen; die Planung der Maßnahmen muss unter Berücksichtigung der gesamten Arbeitsumgebung erfolgen. Kollektiven Schutzmaßnahmen ist grundsätzlich Vorrang vor individuellen Schutzmaßnahmen (persönliche Schutzausrüstung) zu geben.
- Der Arbeitgeber hat sämtliche für die Beschäftigten mit ihrer Arbeit verbundenen **Gefährdungslagen** zu ermitteln und zu beurteilen, d. h. er hat bei allen Arbeitsplätzen und Tätigkeiten festzustellen, welche möglichen Gefährdungen bestehen.
- Der Arbeitgeber hat zu beurteilen, ob aufgrund der Gefährdung **zusätzliche Arbeitsschutzmaßnahmen** erforderlich sind oder ob bereits ergriffe-

ne Maßnahmen ausreichen. Bei gleichartigen Arbeitsbedingungen reicht die Beurteilung eines Arbeitsplatzes oder einer Tätigkeit aus. Entsprechend dem Ergebnis der Gefährdungsermittlung und -beurteilung hat der Arbeitgeber dann konkrete Schutzmaßnahmen festzulegen, für die Durchführung der Maßnahmen zu sorgen, ihre Wirksamkeit zu überprüfen und erforderlichenfalls die Maßnahmen an neue Entwicklungen oder Erkenntnisse anzupassen.

- Die Betriebe sind verpflichtet, geeignete **Unterlagen** vorzuhalten, aus denen sich ergibt, welche Ergebnisse die Gefährdungsermittlung und -beurteilung erbracht hat und welche Arbeitsschutzmaßnahmen daraufhin ergriffen wurden. Diese gesetzliche Dokumentationspflicht gilt grundsätzlich nicht für Betriebe, in denen nur 10 oder weniger Beschäftigte tätig sind.
- Der Arbeitgeber muss den **Betriebsrat** über alle betrieblichen Arbeitsschutzmaßnahmen **unterrichten**.
- Alle Beschäftigten müssen über die Gefahren für Sicherheit und Gesundheit, denen sie bei ihrer Arbeit ausgesetzt sein können, vorab **unterrichtet** werden; ebenso ist ihnen in verständlicher Form und Sprache mitzuteilen, welche konkreten Schutzmaßnahmen angedacht und einzuhalten sind.
- Nach dem ArbSchG muss der Arbeitgeber den Arbeitnehmern die regelmäßigen arbeitsmedizinischen **Vorsorgeuntersuchungen**, die für die jeweiligen Mitarbeiter bzw. Tätigkeitsbereiche anstehen, ermöglichen und die Kosten hierfür übernehmen.

Aufgaben/Pflichten der Arbeitnehmer

Auch für die **Beschäftigten** hält das Arbeitsschutzgesetz Regelungen bereit. Nach §§ 15–17 ArbSchG haben sämtliche Mitarbeiter des Unternehmens aktiv an allen betrieblichen **Arbeitsschutzmaßnahmen mitzuwirken**. Sie haben die jeweils einschlägigen Vorschriften einzuhalten, Geräte und Schutzeinrichtungen ordnungsgemäß zu bedienen und zu verwenden sowie Weisungen ihrer Vorgesetzten zu befolgen. Außerdem müssen sie im Rahmen ihrer Möglichkeiten für ihre eigene Sicherheit und Gesundheit und auch für die Sicherheit anderer Personen sorgen, sofern diese von ihrer Tätigkeit betroffen sind. Des Weiteren haben die Beschäftigten den Arbeitgeber bei der Durchführung der Arbeitsschutzmaßnahmen zu unterstützen. So ist z. B. das Auftreten von unmittelbaren erheblichen Gefahren oder von **Defekten** an Geräten oder Schutzsystemen möglichst umgehend den Verantwortlichen im Betrieb zu melden. Dazu gehört auch die Zusammenarbeit mit Sicherheitsfachkräften und Betriebsärzten.

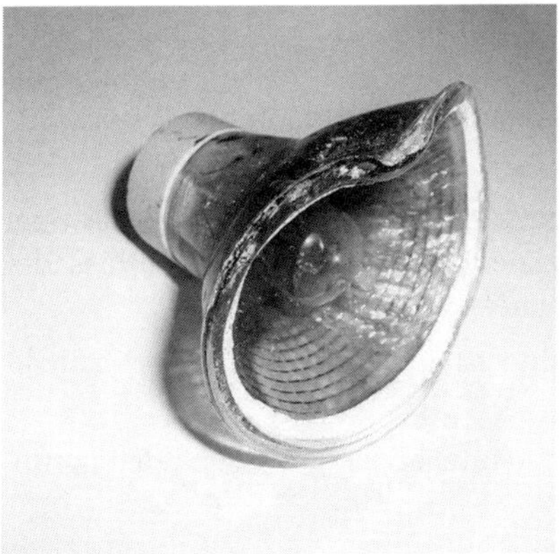

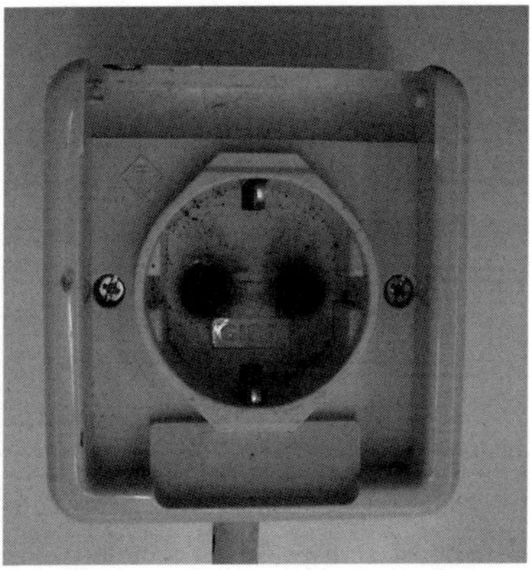

Abb. 2 und 3: Auf defekte Steckdosen und beschädigte Leuchtmittel ist umgehend hinzuweisen [Friedl]

In § 15 ArbSchG werden alle Mitarbeiter verpflichtet, für ihre Sicherheit und Gesundheit bei der Arbeit Sorge zu tragen. Persönliche **Schutzausrüstungen** sind bestimmungsgemäß zu verwenden. Folgende weitere Punkte, die Arbeitgeber und Arbeitnehmer gleichermaßen betreffen, sind besonders relevant:

- Der **Arbeitgeber** ist verpflichtet, die erforderlichen Maßnahmen und die Sicherheitsorganisation baulicher, technischer und organisatorischer Art des Arbeitsschutzes unter Berücksichtigung der Umstände zu treffen, die die Sicherheit und Gesundheit der Beschäftigten bei der Arbeit beeinflussen können. Diese Aufgaben werden sinnvollerweise auf die **Fachkräfte für Arbeitssicherheit und Arbeitsmedizin** übertragen. Der Arbeitgeber muss sich vergewissern, dass diese ihre Arbeiten fachlich gut erledigen. Es muss eine Analyse der Arbeitsbedingungen stattfinden; hieraus sind gegebenenfalls Abhilfemaßnahmen abzuleiten, deren Wirksamkeit zu überprüfen ist.
- Die Vorgaben des § 4 ArbSchG (**Priorität der Maßnahmen**) sind von den Fachkräften für Arbeitsschutz und Arbeitsmedizin einzuhalten (dazu sogleich).

§ 4 des Arbeitsschutzgesetzes gibt den **Fachkräften für Arbeitssicherheit** ein Schema für die **Gefahrenanalyse** an die Hand. Danach muss der Arbeitgeber bei Maßnahmen des Arbeitsschutzes von folgenden allgemeinen Grundsätzen ausgehen:

1. Die Arbeit ist so zu gestalten, dass eine Gefährdung für Leben und Gesundheit möglichst vermieden und die verbleibende Gefährdung möglichst gering gehalten wird.

2. Gefahren sind an ihrer Quelle zu bekämpfen.
3. Bei den Maßnahmen sind der Stand der Technik, Arbeitsmedizin und Hygiene sowie sonstige gesicherte arbeitswissenschaftliche Erkenntnisse zu berücksichtigen.
4. Maßnahmen sind zu planen mit dem Ziel, Technik, Arbeitsorganisation, sonstige Arbeitsbedingungen, soziale Beziehungen und Einfluss der Umwelt auf den Arbeitsplatz sachgerecht zu verknüpfen.
5. Individuelle Schutzmaßnahmen sind nachrangig zu anderen Maßnahmen.
6. Spezielle Gefahren für besonders schutzbedürftige Beschäftigtengruppen sind zu berücksichtigen.
7. Den Beschäftigten sind geeignete Anweisungen zu erteilen.
8. Mittelbar oder unmittelbar geschlechtsspezifisch wirkende Regelungen sind nur zulässig, wenn dies aus biologischen Gründen zwingend geboten ist.

Besonders Punkt 2 verdient besondere Aufmerksamkeit: Gefahren sind – sofern möglich – nicht da abzuwehren oder zu lindern, wo sie sich auswirken, sondern da, wo sie entstehen. Die Prävention steht also weit vor dem kurativen (abwehrenden) Verhalten. Für alle möglicherweise gefährlichen Tätigkeiten muss es in Unternehmen sogenannte Gefährdungsbeurteilungen geben. Dabei handelt es sich um die systematische Ermittlung und Beurteilung relevanter Gefährdungen von Menschen im Gefahrenbereich mit dem Ziel, effektive Schutzmaßnahmen abzuleiten. Brandschutzbeauftragte bringen sich hier ein, da es um die Minimierung von Brandgefahren geht. Näheres hierzu findet sich in Kapitel 10.1 dieses Lehrbuches.

Rechte der Arbeitnehmer

Als Ausgleich stehen diesen Verpflichtungen allerdings auch **Rechte der Beschäftigten** gegenüber. So können sie jederzeit Vorschläge zum Arbeitsschutz unterbreiten. Bei erheblichen Gefahren dürfen sie sich vom Arbeitsplatz entfernen. Schließlich steht ihnen ein **Beschwerderecht** gegenüber dem Arbeitgeber bei mangelnden Arbeitsschutzmaßnahmen zu. Sofern der Arbeitgeber auf solche Beschwerden nicht oder nicht ausreichend reagiert, können sich die Beschäftigten auch an die Aufsichtsbehörde wenden.

3.5.2 Betriebsanweisungen

Betriebsanweisungen sind **verbindlich** einzuhaltende arbeitsplatz- und tätigkeitsbezogene **Vorgaben** des Arbeitgebers für den sicheren **Umgang mit Arbeitsmitteln** und gefährlichen Stoffen. Die berufsgenossenschaftliche DGUV Information 211-010 sagt dazu Folgendes aus: „Soweit die notwendigen Angaben für ein sicherheitsgerechtes und gesundheitsbewusstes Handeln nicht in einem schriftlichen Arbeitsauftrag enthalten sind, müssen sie gesondert in einer Betriebsanweisung zusammengestellt sein." In den entsprechenden Arbeitsaufträgen ist auf (möglicherweise vorliegende und damit geltende) Betriebsanweisungen hinzuweisen.

Betriebsanweisungen zu erstellen, die Inhalte zu vermitteln und sie aktuell zu halten, ist demnach Pflicht des **Unternehmers**. Betriebsanweisungen müssen in **schriftlicher Form** erstellt werden und sind grundsätzlich nicht zeitlich begrenzt. Die Aufgabe der Erstellung darf jedoch auf qualifizierte Mitarbeiter **übertragen** werden. Auch externe Personen können hinzugezogen werden. Der Unternehmer haftet dann, wenn eine Betriebsanweisung mangelbehaftet war und eine Kausalität zwischen der Betriebsanweisung und dem eingetretenen Schaden festzustellen ist.

Hinzu kommen die von der Bundesanstalt für Arbeitsschutz und Arbeitsmedizin (BAuA) herausgegebenen Technischen Regeln für Gefahrstoffe (**TRGS**). Die TRGS 555 beschäftigt sich mit dem **Aufbau** einer Betriebsanweisung. Diese Vorgaben sind einzuhalten (oder alternative, aber gleichwertige Lösungen sind zu wählen). Die Mitarbeiter sind über mögliche Gefahren bei ihrer Tätigkeit gemäß der TRGS 555 zu unterweisen. Wenn eine Unterweisung nicht mehr als ausreichend eingestuft wird, dann muss es für bestimmte Tätigkeiten im Unternehmen Anweisungen, sprich Betriebsanweisungen, geben.

Die Empfehlungen zur **Gliederung von Betriebsanweisungen** nach der DGUV Information 211-010 sowie der TRGS 555 sind nahezu identisch und sehen folgendermaßen aus:

1. **Anwendungsbereich**
2. **Gefahren für Menschen und Umwelt**
3. **Schutzmaßnahmen und Verhaltensregeln**
4. **Verhalten bei Störungen**
5. **Verhalten bei Unfällen/Erste Hilfe**
6. **Instandhaltung**
7. **Folgen bei Nichtbeachtung**

Die DGUV Information 211-010 ist kostenlos und enthält viele sinnvolle, brauchbare und umsetzbare Informationen. Abweichungen davon sind – analog den technischen Regeln – grundsätzlich möglich, aber nur in begründeten Ausnahmefällen; ein solcher Ausnahmefall kann etwa sein, dass man versucht, ein höheres Schutzniveau herzustellen.

Vieles, was die TRGS 555 fordert bzw. empfiehlt, steht auch in der **DGUV Information 211-010**. Um Doppelungen zu vermeiden, wird dieses Unterkapitel deshalb etwas kürzer gehalten. Die wesentlichen **Anforderungen an Betriebsanweisungen** nach der DGUV Information 211-010 lauten:

- Die Betriebsanweisungen sind in einem Unternehmen optisch, gliederungstechnisch und inhaltlich immer **einheitlich** aufzubauen.
- Der Umfang einer Betriebsanweisung umfasst **eine** DIN A 4-Seite (in begründeten Situationen maximal 2 Seiten).
- Format **DIN A 4**, alternativ kann man auch DIN A 3 verwenden, jedoch nicht DIN A 5.
- Betriebsanweisungen enthalten **konkrete** Inhalte, keine Wunschziele.
- Einteilung in einen **stoffbezogenen** und einen **tätigkeitsbezogenen** Abschnitt (Gefahren durch Stoffe, Geräte und Anlagen) sowie einen betriebsspezifischen Abschnitt (Namen, Nummern, Verhalten nach Unglücksfällen).
- Geringfügige Unterschiede bei Gefahrstoffen oder Arbeitsmittel sind **nicht** relevant.
- Betriebsanweisungen enthalten konkrete Vorgaben zu baulichen, anlagentechnischen, sicherheitstechnischen, organisatorischen, persönlichen und ggf. hygienischen **Maßnahmen**.

Zum Hintergrund: Berufsgenossenschaften haben neben **I**nformationen (= I) noch **V**orschriften (= V), **R**egeln (= R) und **G**rundsätze (= G). Die Vorschriften (z. B. DGUV Vorschrift 1) sind immer verbindlich einzuhalten, die DGUV-Informationen indes haben nur informatorischen Charakter. Natürlich kann man die sicherheitstechnischen DGUV-Informationen ignorieren, nur tut man sich und anderen damit aus naheliegenden Gründen – zumindest dauerhaft – keinen Gefallen. Insofern handelt es sich bei der DGUV Information 211-010 nicht nur um eine bloße Information, sondern um eine wichtige und im Übrigen auch sehr gute Informationsschrift, wie Betriebsanweisungen einfach, schnell, richtig und komplett erstellt werden können. Wer sich näher mit dem Thema Betriebsanweisungen beschäftigen möchte, dem sei das im selben Verlagshaus erschienene Fachbuch „Betriebsanweisungen in Unternehmen“ empfohlen.

3.5.3 Betriebssicherheitsverordnung

Die Betriebssicherheitsverordnung (**BetrSichVO**) regelt die Bereitstellung und Benutzung von Arbeitsmitteln in Unternehmen. Es sind ausschließlich **„sichere" Arbeitsmittel** zur Verfügung zu stellen; gegebenenfalls muss der Arbeitgeber entsprechende Betriebsanweisungen erstellen (vgl. Kapitel 3.5.2). Diese beschreiben dann, wie mit sensiblen festen, flüssigen oder gasförmigen Stoffen wie beispielsweise Kunststoffgranulat oder Rasendünger umzugehen ist. Betriebsanweisungen beschreiben aber auch, wie Gerätschaften zu handhaben sind, damit von diesen keine Gefahren ausgehen. Dabei ist es egal, ob es sich um Benzin, einen Laubbläser, eine Mikrowelle, einen akkubetriebenen Schraubendreher, eine komplexe Produktionsmaschine oder eine simple Kaffeemaschine handelt. Zur Erhaltung des sicheren Zustandes von ortsveränderlichen elektrischen Arbeitsgeräten sind regelmäßig wiederkehrende Überprüfungen durch befähigte Personen erforderlich (Elektrogeräteprüfung).

Ob eine Betriebsanweisung „erforderlich" ist, kann vorab oftmals nicht eindeutig mit „ja" oder „nein" beantwortet werden und hängt unter anderem auch vom Ausbildungsgrad der beschäftigten Mitarbeiter ab. Deshalb ist es sinnvoll, im Zweifel eine Betriebsanweisung zu erstellen, auszuhängen und bekannt zu geben. Betriebsanweisungen sind, wie schon angesprochen, immer verbindlich – und zwar sowohl für Arbeitnehmer (einhalten!) als auch für die Arbeitgeber (erstellen!). Die mündlichen Unterweisungen geschehen immer mit Unterschrift der Teilnehmer, oberhalb der Unterschrift stehen Datum, Zeitspanne der Unterweisung sowie deren Inhalte. Betriebsanweisungen sind im Übrigen auch dann Pflicht, wenn Gefahrstoffe erst beim Arbeiten entstehen (z. B. Dämpfe, Gase, Stäube), also beim Umgang mit Stoffen unterschiedlichen Aggregatzustands. Betriebsanweisungen gibt es nicht nur für die tägliche Arbeit – es muss auch solche für seltenere Tätigkeiten geben, wie etwa für Wartung, Instandhaltung, innerbetriebliche oder externe Transporte, Reinigung, Behälterbefüllung usw.

3.5.4 Gefahrstoffverordnung

Die Gefahrstoffverordnung (**GefStoffV**) regelt umfassend die Schutzmaßnahmen für Beschäftigte bei Tätigkeiten mit Gefahrstoffen. Seit dem 01.06.2015 schreibt die GefStoffV vor, dass man in Unternehmen Explosionsschutzdokumente erstellen muss, wenn es möglicherweise eine Explosion geben kann (vgl. Abbildung 4). Vor diesem Zeitpunkt bestand diese Forderung ebenfalls schon, jedoch in der Betriebssicherheitsverordnung; somit unterliegen heute deutlich mehr Unternehmen auch der Gefahrstoffverordnung – auch wenn nur wenige Gefahrstoffe oder geringe Mengen vorhanden sind. Das Explosionsschutzdokument legt konkrete Maßnahmen zur Explosionsvermeidung fest (Prioritätenliste):

1. **Vermeiden der explosionsfähigen Atmosphäre** – Primärer EX-Schutz
2. **Vermeiden von Zündenergien** – Sekundärer EX-Schutz
3. **Ableiten der Explosion** – Tertiärer EX-Schutz

Die explosionsgefährlichen Bereiche eines Unternehmens sind in „Explosions-Zonen" einzuteilen. Bei hohen Gefährdungen ist besonders qualifiziertes Personal zu beschäftigen (also in der Regel Techniker, Gesellen oder Meister). Bei der Prüfungshäufigkeit der eingesetzten Geräte ist zu differenzieren. Stark beanspruchte Gerätschaften müssen häufiger und tiefer geprüft werden als solche, die wenig beansprucht und damit auch wenig belastet werden. Entscheidend ist also der Benutzungsgrad. Bei einer möglicherweise explosionsfähigen Atmosphäre ist einerseits die Wahrscheinlichkeit und Dauer einer Entzündung zu ermitteln, andererseits die Gefährlichkeit potenzieller Zündquellen. Zuletzt wird der sich daraus ergebende, wahrscheinliche Höchstschaden (PML/GAU) ermittelt. Näheres zum Explosionsschutz ist in Kapitel 5 dargestellt.

Abb. 4: Batterieanlagen – brand- und explosionsgefährlich; hier ist eine effektive Belüftung nötig sowie die Erfassung in einem Explosionsschutzdokument [Friedl]

3.5.5 Arbeitsstättenverordnung

Die ebenfalls in Abständen von 10–15 Jahren überarbeitete Arbeitsstättenverordnung (**ArbStättV**) fordert, dass der Arbeitgeber für die Einhaltung sicherheitstechnischer Vorschriften zu sorgen hat. Hierzu erwähnt werden:

- Es darf keine Gefährdung für die Belegschaft bestehen;
- die Sicherheit muss auch für Mitarbeiter mit Beeinträchtigung organisiert sein;
- die Arbeitsstätten sind instand zu halten, d.h. Mängel sind möglichst umgehend und effektiv zu beseitigen; und
- die vorhandenen sicherheitstechnischen Einrichtungen sind regelmäßig zu warten.

Für den Brandschutz fordert die Arbeitsstättenverordnung, dass Verkehrswege wie Flure, Treppen oder Ein- bzw. Ausgangshallen, Fluchtwege und Notausgänge ständig freizuhalten sind. Ein absolutes Negativbeispiel zeigt die folgende Abbildung 5.

Ob in einem Verkehrsweg kleinere Gegenstände, wie beispielsweise ein Kartenlesegerät an einer Tür, ein Teppich auf dem Boden oder Pflanzen auf dem Fensterbrett erlaubt sind, ist häufig Ermessensfrage; hier kann es zu

Abb. 5: Zweiter Fluchtweg, unzulässig zugestellt, in einem Hotel [Friedl]

unterschiedlichen Einstufungen kommen. Denn was „frei“ in einem notwendigen Flur oder Treppenraum bedeutet, hängt – juristisch betrachtet – vom jeweiligen Einzelfall ab. Des Weiteren ist ein Flucht- und Rettungsplan aufzustellen, wenn „Lage, Ausdehnung und Art der Nutzung“ dies erforderlich machen – auch hier sieht man, dass Spielraum in der Einstufung besteht. Räumungsübungen sind „in angemessenen Zeitabständen“ in den Unternehmen durchzuführen. Weiter fordert die Arbeitsstättenverordnung für alle Arbeitsstätten das Vorhandensein von Handfeuerlöschern. Über Quantität und Qualität von Feuerlöschgeräten gibt das Kapitel 8 Auskunft.

3.5.6 Verordnung zur Verhütung von Bränden

Im Bundesland Bayern gibt es die Verordnung zur Verhütung von Bränden (**VVB**). Die Inhalte sind aber für jeden Betreiber eines Unternehmens hilfreich und können somit als Diskussionsgrundlage bei Gerichtsverfahren und als Erkenntnisgrundlage auch in anderen Bundesländern herangezogen werden. Dort steht z.B., dass Brände nur dann zu löschen sind, sofern dies zumutbar ist. Feuerstätten sind „brandsicher“ zu betreiben und müssen ausreichend beaufsichtigt werden. Im Freien müssen brennbare Behälter (z.B. Kunststoff-Mülleimer) mindestens 2 m von anderen brennbaren Stoffen entfernt aufgestellt werden – hier fordert die jeweilige Landesbauordnung lediglich einen „ausreichenden“ (gemeint ist brandsicheren) Abstand.

Rauchen ist an Stellen verboten, wo die Glut einen Brand auslösen kann; glimmende Zigarettenreste dürfen nicht brandgefährlich weggeworfen werden. Außerdem sind die Aschenbecher nur in dicht schließende, nichtbrennbare Behälter zu entleeren.

Die nächste Forderung, die zwar mittlerweile aus der VVB entfernt wurde, aber dennoch, wenn sie überall umgesetzt würde, deutschlandweit einige 100 Mio. € Brandschäden pro Jahr vermeiden könnte: Bügeleisen, **Wasserkocher**, Tauchsieder und **Kaffeemaschinen** mit Heizplatte sind während des Betriebs ausreichend zu beaufsichtigen und – das ist jetzt nicht mehr gefordert, jedoch immer noch sinnvoll und in den privatrechtlichen Versicherungsbedingungen nach wie vor festgehalten – auf nichtbrennbaren, **wärmebeständigen Unterlagen** so abzustellen, dass auch bei übermäßiger Erwärmung brennbare Gegenstände nicht entzündet werden können (Abbildung 6). Elektrowärmegeräte sind während des Betriebs ausreichend zu beaufsichtigen. Das ist unbedingt zu beachten (insbesondere bei Pausen) – und vor allem außerhalb der Arbeitszeit muss darauf geachtet werden, dass diese Geräte ausgeschaltet sind.

Die Zwischenräume zwischen Gebäuden dürfen zum Lagern brennbarer fester Stoffe nicht benutzt werden – auch das ist eine Forderung, die meist in den

Abb. 6: Nichtbrennbare und wärmebeständige Fliese unter den Elektrogeräten; außerhalb der Benutzung sind die Geräte auszustecken [Friedl]

Versicherungsverträgen enthalten ist, also privatrechtlich gefordert wird. Für feuergefährliche Arbeiten gilt: Arbeiten mit Schneidbrennern, Schweiß- oder Lötgeräten und Schneid- oder Schleifgeräten, die Funken erzeugen, dürfen dort, wo sie eine Brandgefahr hervorrufen können, nur unter ständiger Aufsicht ausgeführt werden. „Ständige Aufsicht" bedeutet, dass eine weitere Person die Arbeitsvorgänge beobachtet, um ggf. zu warnen und zu löschen. Weiter fordert die VVB (wie übrigens auch das BG-Recht), dass öl- oder fettgetränkte Faserstoffe nur in dicht schließenden, nicht brennbaren Behältern aufzubewahren und die Angriffswege der Feuerwehr freizuhalten sind.

3.5.7 Versicherungsvertragsgesetz

Aus dem Versicherungsvertragsgesetz (**VVG**) sind für den Brandschutzbeauftragten besonders wichtig:

- **§ 23 VVG,** Gefahrerhöhung
- **§ 26 VVG,** Leistungsfreiheit wegen Gefahrerhöhung
- **§ 28 VVG,** Verletzung einer vertraglichen Obliegenheit
- **§ 81 VVG,** Herbeiführung des Versicherungsfalles

Nach § 81 VVG ist der Feuerversicherer nicht zur Leistung verpflichtet, wenn der Versicherungsnehmer (also der Unternehmer) den **Versicherungsfall** vorsätzlich herbeigeführt hat. Bei grob fahrlässiger Herbeiführung des Versicherungsfalles ist die Versicherung berechtigt, ihre Leistung entsprechend zu kürzen. Bei leichter Fahrlässigkeit muss der Versicherer zahlen. Die dargestellten Grundsätze gelten auch für „Repräsentanten" des Unternehmers, nicht jedoch für „normale" Mitarbeiter. Das heißt, wenn „normale" Mitarbeiter oder Fremde einen Brand verursachen, sind die Folgen üblicherweise durch die Feuerversicherungen abgedeckt.

In § 23 und § 26 VVG sagt das Versicherungsvertragsgesetz folgendes aus: Meldet der Unternehmer dem Versicherer eine ihm bekannte **Gefahrerhöhung** nicht, so kann der Versicherer bei grob fahrlässiger Verletzung dieser versicherungsvertraglichen Obliegenheit in einem der Schwere des Verschuldens entsprechenden Verhältnis die Zahlungsleistung kürzen. Bei Vorsatz ist der Versicherer übrigens gänzlich leistungsfrei. Wichtiger Punkt hierbei ist: Die Beweislast für das Nichtvorliegen einer grob fahrlässig herbeigeführten Gefahrerhöhung trägt der Versicherungsnehmer, d. h. der Unternehmer muss diesbezügliche Behauptungen des Versicherers entkräften. Das bedeutet für Brandschutzbeauftragte, dass sie **Gefahrerhöhungen** erkennen und direkt oder indirekt dem Versicherer **mitteilen**, bzw. auf jeden Fall nachweislich die Geschäftsleitung auf die Notwendigkeit hinweisen, dies zu tun. Das ist übrigens auch ein Grund, warum Brandschutzbeauftragte die Vertragsbedingungen, die Obliegenheiten und die betreffenden Versicherungsklauseln gut kennen sollten.

3.5.8 DGUV-Vorschriften und Regeln

Durchgängig werden die Schriften der **D**eutschen **G**esetzlichen **U**nfall**v**ersicherung (**DGUV**) in vier Kategorien eingeteilt:

- **DGUV Vorschriften.** Die DGUV Vorschriften haben rechtsverbindlichen Charakter und gelten für Arbeitgeber und Arbeitnehmer gleichzeitig. Ihre Verletzung wird als Ordnungswidrigkeit sanktioniert.
- **DGUV Regeln.** Die DGUV Regeln sind keine rechtverbindlichen Normen, bezeichnen aber allgemein anerkannte Regeln für Sicherheit und Gesundheitsschutz.
- **DGUV Informationen.** Die DGUV Informationen enthalten spezielle Veröffentlichungen für bestimmte Branchen, Tätigkeiten, Arbeitsmittel und Zielgruppen. Sie haben ebenfalls keinen rechtsverbindlichen Charakter.

- **DGUV Grundsätze.** Die DGUV Grundsätze sind Maßstäbe für bestimmte Verfahrensfragen, z. B. hinsichtlich der Durchführung von Prüfungen.

Die bereits angesprochene **DGUV Vorschrift 1** (früher VBG 1, dann BGV A1) ist eine sog. autonome Rechtsnorm und damit einem Gesetz gleichgestellt. Hier wird u. a. gefordert, dass bei Arbeiten von sog. Dritten im Unternehmen ein weisungsbefugter Koordinator vorhanden sein muss. Weiter wird von Sicherheitsbeauftragten gefordert (identisch mit der ArbStättV), dass sicherheitstechnische Mängel unverzüglich zu beseitigen und Verkehrswege (also Flure, Treppen) jederzeit freizuhalten sind. Wie weiter oben aufgeführt, gibt es einen bestimmten Ermessungsspielraum dahingehend, was „frei" bedeutet. Daher ein nützlicher **Handlungshinweis** für Brandschutzbeauftragte: Kann der Gegenstand realistisch entzündet werden und würde dann eine tödlich wirkende Menge Rauch entstehen, muss der Gegenstand entfernt werden; ist eine Entzündung nicht realistisch oder die Brandlast gering, kann der Gegenstand geduldet werden. Eine weitere wichtige Vorgabe ist auch: Gefährliche Arbeiten dürfen nur qualifizierte Personen durchführen. Das bedeutet, dass z. B. Gabelstaplerfahren, Schweißen oder Arbeiten an Stromanlagen nur Personen mit Berufsausbildung bzw. Befähigungsnachweis ausführen dürfen.

Die DGUV Vorschrift 1 fordert weiter, dass alle sicherheitstechnischen Einrichtungen funktionieren müssen und dass leichtentzündliche Stoffe am Arbeitsplatz zu minimieren sind. Auch hier werden, analog der Arbeitsstättenverordnung, Handfeuerlöscher nötig. Wie in der Prioritätenliste der Gefahrstoffverordnung ist auf die Vermeidung von Bildung und Zündung von explosionsfähiger Atmosphäre zu achten. Doch auch die Sicherheit anderer Personen auf dem Firmengelände ist von Bedeutung. Die DGUV Vorschrift 1 fordert, dass „Dritte" in brandgerechtem Verhalten, Umgang mit Feuerlöschern, Erster Hilfe oder Verhalten bei Gebäuderäumungen unterwiesen werden müssen; diese Dritten sind beispielsweise externe Handwerker, die im Unternehmen stunden- oder tageweise Arbeiten ausführen. Hintergrund dieser Forderung ist, dass relativ häufig Brände von Fremdfirmen erzeugt werden und das gilt es zu vermeiden (vgl. Abbildung 7).

Daneben gibt es auch wichtige Brandschutzregeln, etwa die **DGUV Regel 100-500**: Unternehmen dürfen in brand- und explosionsgefährlichen Bereichen feuergefährliche Arbeiten wie Löten, Flexen, Schweißen, Auftauen nur durchführen, wenn keine Brand- oder Explosionsgefahr entsteht. Sonst sind effektive Präventionsmaßnahmen vor, während und nach den Arbeiten gemäß dem Erlaubnisschein für feuergefährliche Arbeiten zu treffen.

3

Abb. 7: Bei feuergefährlichen Arbeiten, die außerhalb der dafür vorgesehenen Arbeitsplätze stattfinden, ist immer ein Erlaubnisschein erforderlich, wenn eine Brandgefahr existiert [Friedl]

3.5.9 Technische Regeln

Die von der Bundesanstalt für Arbeitsschutz und Arbeitsmedizin (**BAuA**) herausgegebene Technische Regel für Gefahrstoffe **(TRGS) 400** besagt u. a.: „Werden für die Durchführung von Arbeiten in einem Betrieb Fremdfirmen beauftragt und besteht die Möglichkeit einer gegenseitigen Gefährdung, … haben alle [Beteiligten] bei der Gefährdungsbeurteilung zusammenzuwirken und sich abzustimmen.“ Und die **TRGS 800** (Brandschutz bei Tätigkeiten mit brennbaren Gefahrstoffen) fordert, dass gefährliche Stoffe möglichst zu substituieren sind. Hat man früher bei der Rangfolge der vorzunehmenden Maßnahmen von „**TOP**“ gesprochen (**T**= technische Maßnahmen sind den **O**= organisatorischen vorzuziehen und diese wiederum den **P**= personenbezogenen), sagt man heute „**STOP**“: Das **S** steht für Substituieren (vgl. TRGS 800). Gemeint ist damit, dass man verfahrenstechnische Veränderungen zur Minimierung der Gefahren einführen muss, wie zum Beispiel das Ersetzen von brennbaren und oxidierbaren Stoffen durch harmlosere.

Die Technischen Regeln sind meist so formuliert, dass Gefahren „so gering wie möglich“ zu halten sind. Damit ist gemeint, dass diesbezüglich regelmäßig Optimierungen und Anpassungen vorzunehmen sind. Näheres hierzu im Kapitel 10.1, Gefährdungsbeurteilung und Risikobewertung.

Sofern keine gegenläufigen Erkenntnisse vorliegen, kann man ergänzend auch in zurückgezogene Technischen Regeln bzw. Gesetze oder andere (ehemalige) sicherheitsrelevante Vorgaben blicken, um allgemeingültige Anhaltspunkte für die Beantwortung sicherheitsrelevanter Fragen zu bekommen. Zu nennen sind beispielsweise die Inhalte der alten Arbeitsstättenverordnung (vor 2004) oder der im Jahr 2003 gestrichenen VbF (Verordnung zur Verhütung von Bränden, die durch die BetrSichV, die TRBS und die TRGS 510 weitgehend Ersatz gefunden hat). Auch die TRbF 20, die als „Nachfolgeverordnung" der VbF bezeichnet wurde, ist seit 2013 außer Kraft gesetzt; man findet vieles heute in der TRGS 510. Doch auch Inhalte der VbF und TRbF 20 können heute noch als **Erkenntnisgrundlage** herangezogen werden. Positiv an diesen alten Regeln ist, dass diese konkrete Handlungsanweisungen enthalten. Bei Detailfragen ist natürlich der Stand der Technik aus den aktuell geltenden Fassungen maßgeblich.

3.5.10 Zusammenfassung

Neben den erwähnten Gesetzen sind auch die Vorgaben der Berufsgenossenschaften (Vorschriften, Regeln, Informationen und Grundsätze), DIN-Normen, sowie privatrechtliche Vorgaben von Versicherungen zu beachten. Von besonderer Bedeutung ist des Weiteren der bauliche Brandschutz (Landesrecht), dem in diesem Buch ein eigenes Kapitel gewidmet ist. Dem Anspruch an eine kompakte Darstellung folgend, sind hier die wesentlichen Punkte der Gesetzgebung, die den Brandschutz betreffen, dargestellt. Es ist unbedingt nötig, sich vertieft zu informieren, und zwar firmen- bzw. branchenbezogen.

Nach Brandschäden fordern Versicherungen oder die Staatsanwaltschaften meist die Herausgabe der sicherheitsrelevanten Unterlagen an. Darin müssen sich auch die Brandgefahren quantitativ und qualitativ bewertet finden. Das ist ein wesentlicher Schritt in der Dokumentation und hilft dabei nachzuweisen, dass man sich korrekt verhalten hat. Bei den Gefährdungsbeurteilungen sind „vorhersehbare" Störgrößen zu berücksichtigen; in besonders gefährlichen Bereichen auch „selten" vorkommende Gefahrensituationen. Als „vorhersehbar" einzustufen sind z. B. Reinigungsarbeiten, Stromausfall oder auch Umrüstungen, als „seltene" Ereignisse zählen Überfall, Blitzeinschlag oder Fahrzeuganprall.

3.6 Kontrollfragen

Zu Überprüfung des dargestellten Inhaltes folgen anteilmäßig vier Fragen zum Thema „Rechtliche Grundlagen" (Mehrfachnennungen sind möglich). Die Antworten zu den Fragen finden sich am Ende des Buches.

Kontrollfragen

1. **In welcher Vorgabe werden Handfeuerlöscher für alle Unternehmensarten gefordert?**
   a) Betriebssicherheitsverordnung.
   b) Landesbauordnung.
   c) Arbeitsstättenverordnung.
   d) Arbeitsstättenregeln.
   e) Arbeitssicherheitsgesetz.
   f) Arbeitsschutzgesetz.

2. **Wer ist juristisch für die Einführung und Durchsetzung der verschiedenen Brandschutzmaßnahmen in einem Unternehmen verantwortlich?**
   a) Der Unternehmer sowie die von ihm beauftragten Personen.
   b) Jeder, der sich auf dem Firmengelände befindet.
   c) Die Belegschaft.
   d) Die Gewerbeaufsicht.
   e) Die Brandschutzbehörde.
   f) Der Kreisbrandrat, Kreisbrandinspektor oder auch Kreisbrandmeister genannt.

3. **Kann ein Arbeitgeber von seinem Arbeitnehmer den ihm entstanden Schaden ersetzt verlangen, wenn dieser <u>leicht fahrlässig</u> gehandelt hat?**
   a) Ja, immer.
   b) Der Arbeitnehmer muss grundsätzlich 10 % des Schadens ersetzen.
   c) Er haftet nach dem Grad seines Verschuldens (Quotelung).
   d) Der Schaden wird zwischen Arbeitgeber und Arbeitnehmer aufgeteilt.
   e) Nein, bei leichter Fahrlässigkeit greift ein Haftungsausschluss.
   f) Der Schaden wird zu gleichen Teilen zwischen Arbeitgeber und Arbeitnehmer aufgeteilt.

4. **Wann liegt nach der Definition des Strafgesetzbuches ein „Inbrandsetzen" eines Gebäudes oder einer Betriebsstätte gemäß § 306 StGB vor?**
   a) Wenn dadurch Menschen zu Schaden kommen.
   b) Wenn das Objekt durch das Feuer komplett zerstört wurde.

▷

Kontrollfragen (Fortsetzung)

c) Wenn das Objekt mit Brandbeschleuniger entzündet wurde.
d) Wenn ein wesentlicher Teil eines Objekts derart vom Feuer erfasst ist, dass es selbständig fortbrennen kann.
e) Wenn man es nicht mehr löschen kann.
f) Wenn die Feuerwehr zum Löschen anrücken muss.

4 Brandlehre

Prüfungsrelevanz

Das Thema **Brandlehre** hat den Sinn zu vermitteln, wann und wie es zu einem Brand kommen kann; weiß man das, so kann man Präventionsmaßnahmen entwickeln und ableiten. Im Folgenden sollen die wesentlichen chemisch-physikalischen Grundlagen zur Brandentstehung erklärt werden – denn nur wer diese kennt, kann Brände auch tatsächlich vermeiden.

4.1 Chemisch-physikalische Grundlagen

4

Brände gefährden primär durch **Rauchgase**, die extrem schnell tödlich sein können. Erst an zweiter Stelle steht die Brandhitze. Hinzu kommt die im Brandfall entstehende Panik, verbunden mit meist dunklen Rauchgasmengen. Der undurchsichtige Rauch nimmt einem die Sicht und damit den Gleichgewichtssinn. Bereits die thermische Zersetzung eines Kunststoffbehältnisses mit ca. 300 Gramm Gewicht (vgl. Abbildung 8), in dem man beispielsweise im Kühlschrank Lebensmittel aufbewahrt, reicht aus, um eine 120 m^2 große Wohnung mit geschlossenen Fenstern und Außentüren tödlich zu verrauchen!

Abb. 8: Erhebliches, oftmals unterschätztes Gefahrenpotential einer handelsüblichen Kunststoffbox auf einer Herdplatte [Friedl]

Die Rauchgase, allen voran das **Kohlenmonoxid** (CO), sind enorm gefährlich; oft reichen zwei bis drei Atemzüge aus, um tödlich zu wirken. CO ist geruchslos und nur unwesentlich leichter als Luft – es verteilt sich fast komplett homogen im Raum und tötet besonders schnell. Besonders bei Schwelbränden, wenn die Temperatur noch deutlich unterhalb von 500 °C liegt, entsteht schnell und sehr viel Kohlenmonoxid; wohingegen bei Vollbränden dann kaum noch CO entsteht und hier die Flammen und die Hitze die Hauptgefahr darstellen. Brennen Vorhänge, Polstermöbel oder Teppichböden, dann entwickelt sich viel tödliches Cyanid-Gas (HCN) und bei Bränden von Stromleitungen primär Salzsäure-Gase (HCl) – all diese Gase sind einzeln bereits schon lebensbedrohlich, in der Summe aber noch wesentlich schneller tödlich. Doch viele Menschen wissen das nicht und setzen im Brandfall die falschen Prioritäten: Wer zurück in sein brennendes Haus rennt, um das große Flachbild-TV-Gerät zu retten oder den Schmuck vor den Flammen zu schützen, spielt mit dem Risiko, dafür mit dem Leben zu bezahlen.

Um schnell und zugleich richtig handeln zu können, sei auf die gefährlichsten physikalischen Gegebenheiten bei einem Brand hingewiesen:

- **Stickoxide (NO_x)** – treten bei praktisch jedem Brand auf.
- **Wasserstoff (H_2)** – ist sogar explosiv, deshalb ist eine zügige Entrauchung besonders wichtig.
- **Kohlendioxid (CO_2)** – ist ein Produkt bei jeder Verbrennung; ein CO_2-Anteil von über 100.000 ppm in der Umgebungsluft wirkt toxisch.
- **Kohlenmonoxid (CO)** – wirkt schnell tödlich, wird aber oftmals zu spät als solches erkannt; bildet sich in großen Mengen, insbesondere bei Schmorbränden mit relativ niedrigen Temperaturen.
- **Salzsäure (HCl)** – entwickelt sich aus Kunststoffbränden, insbesondere bei PVC; tückisch: die tödliche Wirkung tritt teilweise erst einige Minuten nach dem Verlassen des Brandorts auf, also wenn man sich schon in Sicherheit wähnt.
- **Zyanide (HCN)** – entstehen bei Bränden von Vorhängen und bei Schmorbränden auf Teppichböden.
- **Schwefeloxide (SO_x)** – entstehen bei der Verbrennung vieler Büro- oder Haushaltsartikel.
- **Hitze** – wirkt in Sekundenschnelle tödlich!
- **Sauerstoffverdrängung** – auch das ist schnell tödlich.
- **Fehlende Orientierung** – bewirkt Panik und kann allein dadurch schon indirekt tödlich sein.

4.2 Chemisch-physikalische Definitionen

In diesem Unterkapitel sind weitere Begriffe und Faktoren aus der Brandlehre, die einem Brandschutzbeauftragten bei seiner täglichen Arbeit begegnen können, kurz erklärt.

a) Brand

Unter einem Brand versteht man eine unkontrollierte und ungewollte Verbrennung außerhalb eines speziellen Brandherdes, durch die Eigentum, Leben oder die Gesundheit von Menschen in Gefahr gebracht werden. Brände entstehen durch nicht vorhersehbare Umstände, Fahrlässigkeit oder werden vorsätzlich gelegt. Vereinfacht gesagt ist ein Brand eine nicht bestimmungsgemäße Verbrennung, die sich selbständig und unkontrolliert ausbreitet und zu einem Schaden führt.

b) Brennbare Stoffe

Brennbare Stoffe sind gasförmige, flüssige oder feste Stoffe, einschließlich Dämpfe, Nebel, Aerosole und Stäube, die im Gemisch oder in Kontakt mit Luft oder Sauerstoff zum Brennen angeregt werden. Diese „brennen", wenn eine mit Flamme und/oder Glut selbständig ablaufende exotherme Reaktion zwischen einem brennbaren Stoff und Sauerstoff bzw. Luft entsteht. Feuer umfasst als Oberbegriff sowohl bestimmungsgemäßes Brennen (Nutzfeuer) als auch nicht bestimmungsgemäßes Brennen (Schadenfeuer). Die vom Deutschen Institut für Normung (DIN) herausgegebene DIN 4102 teilt, ebenso wie die Europanorm DIN EN 13501, brennbare Stoffe in leicht-, normal- und schwerentflammbar ein; hierbei ist jedoch zu berücksichtigen, dass es auch bei den sog. schwerentflammbaren Stoffen schnell und leicht zu Bränden kommen kann (da es um die Entflammbarkeit und nicht die Brennbarkeit geht).

c) Brennbare Gase und Flüssigkeiten

Brennbare Gase sind z. B. Wasserstoff, Methan, Propan oder Erdgas. Brennbare Flüssigkeiten sind beispielsweise Hexan, Äthylalkohol oder die beiden Treibstoffe Benzin und Diesel. Dabei haben diese Stoffe die nachfolgend aufgeführten, unterschiedlichen Brenn- und Heizwerte (kJ/m³ bei Gasen und kJ/kg bei Flüssigkeiten):

Energieträger	Brennwert	Heizwert
Wasserstoff	12.750	10.740
Methan	39.790	36.990
Propan	101.660	93.420
Erdgas	37.730	33.890
Hexan	48.280	44.600
Äthylalkohol	29.850	26.920
Benzin	44.720	42.170
Dieseltreibstoff	45.960	42.970

Tab. 2: Brenn- und Heizwerte ausgewählter Energieträger

d) Brandbelastung

Die Brandbelastung stellt die maximale Verbrennungswärme dar, die theoretisch bei einem Brand je m^2 Fläche entstehen und auf die angrenzenden Bauteile einwirken kann. Sie ist das Produkt der Masse (in kg) der auf einer Fläche von $1\,m^2$ vorhandenen brennbaren Stoffe und dem Heizwert dieser Stoffe.

e) Abbrandfaktor

Durch den Abbrandfaktor lässt sich berücksichtigen, dass Stoffe bei einem Brand im Gegensatz zur technischen Verbrennung nicht optimal und vollständig verbrennen, sondern dass das Abbrandverhalten durch den Materialzustand gekennzeichnet ist. Während eines Brands wird in der Regel meist nur ein Teil der maximal möglichen Wärme frei.

f) Untere/Obere Explosionsgrenze/Zündgrenze

Die Untere bzw. Obere Grenzkonzentration brennbarer Stoffe im Luftsauerstoff, bei der sich eine Flamme nach erfolgter Zündung gerade nicht mehr selbständig ausbreiten kann, heißt Untere/Obere Explosionsgrenze bzw. Untere/Obere Zündgrenze. In Mischungen brennbarer Gase, Dämpfe, Nebel oder Stäube mit Luft oder Sauerstoff kann deshalb nur innerhalb des Konzentrationsbereichs zwischen den beiden Grenzwerten eine Zündung zu einer selbständig fortschreitenden Flammenreaktion führen; das birgt ggf. auch eine Explosionsgefahr. Der Konzentrationsbereich heißt daher auch Explosions- oder Zündbereich.

g) Unterer/Oberer Explosionspunkt

Unter dem Unteren/Oberen Explosionspunkt einer brennbaren Flüssigkeit ist die Temperatur in °C zu verstehen, bei der die Konzentration des homogenen und im Dampfraum gesättigten Dampf-Luft-Gemischs der Unteren/Oberen Explosionsgrenze entspricht. Die Unteren Explosionsgrenzen (UEG) und Oberen Explosionsgrenzen (OEG), in der Einheit Vol.-% einiger Gase und Dämpfe in Luft gibt die nachfolgende Tabelle wieder:

Stoff	UEG	OEG
Aceton	2,5 %	13,0 %
Acetylen	2,2 %	82,0 %
Ammoniak	15,0 %	28,0 %
Benzol	1,2 %	8,0 %

Tab. 3: Explosionsgrenzen ausgewählter Gase und Dämpfe

Stoff	UEG	OEG
n-butan	1,5 %	8,5 %
Cyclohexan	1,2 %	8,3 %
Dimethylether	2,0 %	27,0 %
Ethan	3,0 %	15,5 %
Ethanol	3,5 %	15,5 %
Ethylen (Ethen)	2,7 %	34,0 %
n-Hexan	1,2 %	7,4 %
Kohlenmonoxid	12,2 %	74,0 %
Methan	5,0 %	15,0 %
Methanol	5,5 %	40,0 %
n-Pentan	1,4 %	7,8 %
Propan	2,1 %	9,5 %
Schwefelkohlenstoff	1,0 %	6,0 %
Toluol	1,2 %	7,0 %
Wasserstoff	4,0 %	75,6 %
o-Xylol	1,0 %	7,6 %

Tab. 3: Explosionsgrenzen ausgewählter Gase und Dämpfe

h) Flammpunkt

Der Flammpunkt einer brennbaren Flüssigkeit ist die niedrigste Temperatur in °C, bei der sich unter festgelegten Versuchsbedingungen Dämpfe in solcher Menge entwickeln, dass mit der Luft über der Flüssigkeit ein bei Annäherung einer Zündflamme kurzzeitig entflammbares Dampf-Luft-Gemisch gebildet wird. Die Flammpunkte einiger ausgewählter Flüssigkeiten finden sich nachfolgend aufgelistet:

Flüssigkeit	Flammpunkt
Diethylether	–20 °C
Schwefelkohlenstoff	–20 °C
Aceton	–19 °C
Cyclohexan	–18 °C
Benzol	–11 °C
Ethylacetat	–4 °C

Tab. 4: Flammpunkte ausgewählter Flüssigkeiten

4

Flüssigkeit	Flammpunkt
n-Heptan	–4 °C
Toluol	6 °C
Methanol	11 °C
Ethanol	12 °C
Ethylpropionat	12 °C
i-Propanol	12 °C
m- und p-Xylol	25 °C
Styrol	32 °C
Diethylglykol	35 °C
Essigsäure	40 °C
Cyclohexanon	43 °C

4

Tab. 4: Flammpunkte ausgewählter Flüssigkeiten

i) Brennpunkt

Der Brennpunkt einer brennbaren Flüssigkeit ist die niedrigste Temperatur in °C, bei der die Konzentration des Dampfs im Luftraum über der Flüssigkeit ausreicht, so dass sie nach Entfernen der Zündtemperatur selbständig weiterbrennt. Der Brennpunkt liegt in der Regel etwas oberhalb des Flammpunkts.

j) Zündtemperatur

Die Zündtemperatur ist die niedrigste Temperatur einer heißen Oberfläche, an der sich ein Gemisch aus brennbarem Gas, Dampf, Nebel oder aufgewirbeltem Staub mit Luft gerade noch entzündet. Die Zusammensetzung des Gemischs ist so auszuwählen und die Versuchsapparatur so zu gestalten, dass der niedrigste Wert für diese Temperatur ermittelt werden kann.

k) Mindestzündenergie

Die Mindestzündenergie ist die kleinste in einem Kondensator gespeicherte Energie, die bei Entladung über eine Funkenstrecke ausreicht, um ein Gemisch eines brennbaren Gases, Dampfs oder Staubs mit Luft zu entzünden. Die Zusammensetzung, bei der jeweils der niedrigste Wert dieser Mindestzündenergie gefunden wird, bezeichnet man als das zündwilligste Gemisch. Eine Schweißperle kann bis zu 50 Joule Energie haben – für Methan reichen bei einer Konzentration in Luft von 8,5 Vol.-% bereits 0,28 mJ aus (!). Propan, Butan und Hexan zünden bereits geringfügig unter dieser

Energiemenge, Wasserstoff bereits bei 0,02 mJ. Zur Verdeutlichung: 1 Joule Energie ist nötig, um 102 Gramm einen Meter vertikal anzuheben – und ein elektrostatischer Zündfunke hat bereits ein Vielfaches dieser Energie!

l) Explosionsfähiges Gemisch

Ein explosionsfähiges Gemisch ist ein Gemisch von Gasen oder Dämpfen untereinander oder mit Nebeln oder Stäuben, in dem sich nach ihrer Entzündung eine Flamme selbständig fortpflanzt, ohne dass hierzu weitere Energie- und Luftzufuhr erforderlich ist. Besteht die Gefahr, dass sich ein explosionsfähiges Gemisch in geschlossenen Behältnissen bildet, ist abzuschätzen, ob eine mögliche Explosion zum Bersten des Behälters führt. Bei den meisten brennbaren Stäuben reicht bereits eine Staubablagerung von 1 mm, die gleichmäßig über die Bodenfläche verteilt ist, um einen Raum mit explosionsfähiger Staub-Luft-Atmosphäre nach deren Aufwirbelung auszufüllen.

m) Explosionsfähige Atmosphäre

Das sind explosionsfähige Gemische von Gasen, Dämpfen, Nebeln oder Stäuben mit Luft einschließlich üblicher Beimengen (z. B. Feuchtigkeit) unter atmosphärischen Bedingungen. Für Menschen gefährlich wurden früher mehr als 10 Liter explosionsfähige Atmosphäre als zusammenhängendes Volumen – unabhängig von der Raumgröße – angesehen; heute weiß man, dass bereits deutlich kleinere Mengen gefährdend wirken können. Für kleinere Räume als 100 m^3 gilt, dass man bereits 1/10.000 des Raumvolumens als gefährlich betrachtet, also beispielsweise 5 l in einem Raum mit 50 m^3.

n) Dichte

Brennbare Gase können sich in Boden- oder Deckenbereichen sammeln oder relativ homogen in der Raumluft verteilt sein. Die Dichte eines Stoffs ist der Quotient aus seiner Masse und seinem Volumen.

o) Dichteverhältnis

Bei Gasen und Dämpfen sind die starken Dichteänderungen in Abhängigkeit von der Temperatur zu beachten. Das Dichteverhältnis gibt die Dichte eines Gases oder Dampfs im Verhältnis zu Luft bei jeweils gleicher Temperatur und gleichem Druck an. Je nach Dichteverhältnis zur Luft steigen Gase beim Ausströmen nach oben ($d < 1$) oder fallen nach unten ($d > 1$). Um abzuschätzen, welche Stoffe sich wie im Raum verteilen, gibt die nachfolgende Tabelle Informationen über die Dichte der Gase.
Zu brennbaren Flüssigkeiten sei angemerkt, dass diese keine Gase, sondern Dämpfe bilden und diese immer schwerer als Luft sind, und dass

ferner nicht die Flüssigkeit brennt, sondern die von ihr erzeugten Dämpfe. Der Unterschied zwischen brennbaren Gasen und ebensolchen Dämpfen liegt darin, dass Gase unter den sog. Normalbedingungen (also Raumbedingungen wie Lufttemperatur, Luftfeuchte, Windgeschwindigkeit, Luftdruck, Sauerstoffkonzentration und Wärmestrahlung) als Gase vorliegen und brennbare Dämpfe bildende Flüssigkeiten eben unter diesen physikalischen Randbedingungen flüssig sind. Das Dichteverhältnis einiger brennbarer Gase zur Luft ist wie folgt:

Stoff	Dichteverhältnis zu Luft
Wasserstoff	0,0695
Methan	0,5549
Acetylen (Ethin)	0,9060
Kohlenmonoxid	0,9671
Ethylen (Ethen)	0,9753
Luft (nichtbrennbar)	1,0000
Ethan	1,0480
Sauerstoff	1,1052
Propylen (Propen)	1,4790
Propan	1,5550
n-Butan	2,0940
n-Pentan	2,6700
Benzol	2,8900
n-Heptan	3,3150
Toluol	3,7700

Tab. 5: Dichteverhältnis brennbarer Gase zur Luft

p) Verdunstungszahl

Der Dampfdruck im Sättigungszustand ist der Dampfdruck eines Stoffs im Gleichgewicht mit seiner flüssigen oder festen Phase. Er hängt nur von der Temperatur ab. Die Verdunstungszahl ist der Quotient aus der Verdunstungszeit einer Flüssigkeit und der Verdunstungszeit der gleichen Menge Äther; dieser Wert liefert einen Anhaltspunkt dafür, mit welcher Geschwindigkeit sich über einer freien Flüssigkeitsoberfläche gefährliche explosive Atmosphären bilden können. Die nachstehende Tabelle liefert Verdunstungszahlen verschiedener Stoffe:

Stoff	Wert
Schwefelkohlenstoff	1,8
Aceton	2,1
Benzol	3,0
Leichtbenzin	3,5
Toluol	6,1
Methanol	6,3
n-Decan	7,5
Ethanol	8,3
n-Butanol	33,0
Decalin	94,0

Tab. 6: Verdunstungszahlen ausgewählter Stoffe

q) Explosion

Eine Explosion ist die exotherme Reaktion in explosionsfähigen Gemischen bzw. in explosionsfähiger Atmosphäre, solange die Reaktion nicht zur Detonation führt. Explosionen mit geringer Druckwirkung werden auch Verpuffungen genannt. Eine Raumexplosion ist eine exotherme, unter Druckanstieg selbständig ablaufende Reaktion explosionsfähiger Gemische. Explosionen entstehen dann, wenn zeitgleich ausreichend viel brennbares Gas bzw. Dampf im richtigen Mischungsverhältnis mit Luft steht und genügend Zündenergie hinzukommt. Diese Voraussetzungen können ebenso zu einer Explosion der Dämpfe brennbarer Flüssigkeiten oder von aufgewirbelten Stäuben führen.

Je feiner ein Feststoff zerteilt ist, desto leichter entstehen Explosionen, da die Relation Volumen zu Oberfläche verschoben wird. So kann ein Holzwürfel mit 1 m Kantenlänge (Volumen: 1 m^3; Oberfläche: 6 m^2) praktisch nicht brennen. Zerteilt man ihn aber in kleine Würfel mit 0,1 mm Kantenlänge (explosiv!), dann hat man 10^{12} Holzwürfel mit einer Oberfläche von 0,00000006 m^2 und einem Volumen von jeweils 0,001 mm^3 – die gesamte Oberfläche beträgt jetzt 60.000 m^2. Da brennbare Feststoffe an der Oberfläche brennen, bedeutet das, dass diese Fläche nahezu gleichzeitig explosionsartig verbrennt! Durch so ein Beispiel wird schnell deutlich, warum ein Holzstamm praktisch unbrennbar, ein Kaminscheit schwerentflammbar, ein dünnes Brett normalentflammbar, ein Zündholz leichtentflammbar und Holzstaub als explosiv einzustufen ist. Dies gilt für Stoffe wie Mehl, Zucker, Hausstaub, Kunststoffe usw. ebenso.

r) Deflagration, Detonation

Eine Deflagration ist eine mit Unterschallgeschwindigkeit ablaufende Explosion. Eine Detonation ist eine mit einer Stoßwelle gekoppelte Explosion, die sich mit konstanter Überschallgeschwindigkeit ausbreitet. Detonationen sind durch Stoßwellen ausgelöste Flammenreaktionen, die sich mit Geschwindigkeiten bis zu einigen km/s fortpflanzen. Bei Detonationen können die in Flammenfortpflanzungsrichtung mit Überschallgeschwindigkeit strömenden Gase große Zerstörungen verursachen.

s) Brenn- und Heizwert

4

Bei Bränden sind die Definitionen für Brenn- und Heizwerte oft von Bedeutung: Der spezifische Brennwert ist der Quotient aus der bei vollständiger Verbrennung eines Brandstoffs freiwerdenden negativen Reaktionsenthalpie und seiner Masse (bei festen und flüssigen Brennstoffen) bzw. seinem Volumen (bei Gasen). Die Bestimmung des Brennwerts erfolgt im Bombenkalorimeter nach der DIN 51 900 bei 25 °C, Wasser in flüssigem Zustand und vollständiger Verbrennung der Elemente C und S zu CO_2 und SO_2; Stickstoff wird dabei nicht oxidiert. Der spezifische Heizwert ergibt sich aus dem Brennwert durch Subtraktion der Kondensationsenthalpie des Wasserdampfs. Diese Festlegung ergibt Sinn, da Wasser nach einer Verbrennung als Dampf vorliegt und die Kondensationsenthalpie nicht an die Umgebung abgegeben wird.

Brände laufen unter sichtbarer Feuererscheinung ab. Ab einer Temperatur von ca. 500 °C beginnt das menschliche Auge, Glut optisch wahrzunehmen. Mit steigender Temperatur wird das Empfindungsvermögen besser:

Gluttemperatur	Glutfarbe
400 °C	Schwache, unbestimmte Grauglut
525 °C	Erste wahrnehmbare Dunkelrotglut
700 °C	Dunkle Rotglut
900 °C	Helle Rotglut
1.100 °C	Gelbe Glut
1.300 °C	Beginnende Weißglut
1.500 °C	Blendende Weißglut

Tab. 7: Verhältnis von Gluttemperatur zur Glutfarbe

Zum Vergleich: Die Flamme einer Kerze beispielsweise ist von 600 °C am Docht bis 1.200 °C im Flammenmittelpunkt heiß. In der dünnen

„Außenhaut" der Flamme können auch Temperaturen bis 1.400 °C gemessen werden. Bei einem Raumbrand brennen viele unterschiedliche Stoffe, meist unter Anteilnahme von zu wenig Sauerstoff; dabei entstehen viele toxische und korrosive Gase wie Kohlendioxid (CO_2), Kohlenmonoxid, Blausäure, nitrose Gase, Ammoniak, Salzsäure, Schwefeldioxid, Isocyanate oder Acrolein (CH_2=CHCHO).

4.3 Brandvergrößerung/Brandvermeidung

Eine **Brandvergrößerung** tritt dann ein, wenn einem Feuer viel Sauerstoff zugeführt wird oder wenn einem Feuer die Möglichkeit gegeben wird, sich selbständig weiter auszubreiten – etwa, indem Brandschutztüren aufgekeilt sind (vgl. Abbildung 9). Eine Sauerstoffzuführung tritt aber meist nicht bei der Aktivierung einer Entrauchungsanlage oder durch das Öffnen von Fenstern ein; hierbei ist der positive Effekt, dass die Brandhitze und unverbrannte und damit explosive Pyrolysegase abgeleitet werden. Sollte man eine unerlaubte Brandvergrößerung erzielt haben (etwa durch das Verstellen oder **Aufkeilen eines Brandschutztors**), dann muss man ggf. diese Mehrkosten selbst tragen (vgl. das bereits erwähnte VVG).

Abb. 9: Unzulässig aufgekeilte Rauchschutztür zwischen Treppenraum und notwendigem Flur in einem Krankenhaus [Friedl]

Bei der **Brandvermeidung** gilt es zwischen Produktionsräumen und Lagerräumen zu unterscheiden. In den **Produktionsräumen** (Arbeitsplätzen) darf maximal die Menge an brennbaren Stoffen, die für das Fortführen der Arbeit nötig ist, gelagert werden (maximal jedoch die Menge einer Schicht). Damit sind brennbare feste, flüssige und gasförmige Stoffe in den Produktionsräumen relativ und nicht absolut geregelt. Für **Lagerräume** gilt ab bestimmten Mengen (die den Technische Regeln zu entnehmen sind; die TRGS 510 spricht bis 50 kg von erlaubten „Kleingebinden"), dass sie lediglich Gase, Flüssigkeiten oder feste Stoffe enthalten dürfen, aber keine Mischlagerungen. Man kann also zur gesetzeskonformen Brandlastminimierung dadurch beisteuern, dass man die Absolutmengen an Brandlasten angemessen minimiert. Welcher Stoff mit anderen Stoffen (Gase, Flüssigkeiten, explosionsfähige Stoffe, krebserzeugende Stoffe, Giftstoffe), **zusammen** gelagert werden darf, ist ebenfalls der TRGS 510 zu entnehmen.

4.4 Kontrollfragen

Zur Überprüfung des Fachwissens aus diesem Kapitel folgen drei Fragen zum Thema „Brandlehre". Teilweise können mehrere Antwortmöglichkeiten gegeben werden. Die Antworten finden sich am Ende des Buches.

Kontrollfragen

1. **Was versteht man physikalisch unter „Normalbedingungen"?**
   Nennen Sie mindestens drei unterschiedliche physikalische Begriffe.

2. **Was versteht man unter dem Flammpunkt einer Flüssigkeit?**
   a) Die Temperatur, bei der sie sich aufgrund der Eigentemperatur selbst entzündet.
   b) Feststoffe haben Flammpunkte, Flüssigkeiten nicht.
   c) Die Temperatur, bei der sich ein EX-fähiges Gemisch bildet.
   d) Die Temperatur, bei der sich die Dämpfe bleibend entzünden.
   e) Die Temperatur, bei der sich die Dämpfe kurzzeitig entzünden lassen.
   f) Flüssigkeiten haben keinen Flammpunkt, sondern lediglich Brennpunkte.

3. **Brennbare Dämpfe entstehen aus brennbaren Flüssigkeiten; diese Dämpfe sind:**
   a) immer leichter als Luft,
   b) je nach chemischer Zusammensetzung leichter oder schwerer als Luft,
   c) unterhalb der UEG und oberhalb der OEG hoch entzündlich,
   d) oberhalb der UEG und unterhalb der OEG entzündlich,
   e) immer schwerer als Luft,
   f) als brandfördernd einzustufen.

5 Brand- und Explosionsgefahren

Prüfungsrelevanz

Brand- und Explosionsgefahren sind ja die eigentlichen Themen des Brandschutzbeauftragten. Durch das Kennen, Einhalten und Umsetzen der Inhalte von Bestimmungen lassen sich in Unternehmen die Brand- und vor allem die Explosionsgefahren minimieren bzw. im Idealfall gänzlich beseitigen. Relevant ist zu wissen, dass es je nach Unternehmensart völlig unterschiedliche Gefahrenlagen geben wird; das kann auch standortbezogen unterschiedlich sein oder vom Wesen der vor Ort befindlichen Personen abhängen.

Durch Entfernen von explosionsfähigen Materialien oder deren Substituierung durch nicht explosive Stoffe lässt sich die **Explosionsgefahr**, dort wo es möglich ist auf diese Stoffe zu verzichten, nahezu komplett beseitigen. Allerdings geht das verständlicherweise nicht in allen Bereichen eines Unternehmens, wenn produktionsbedingt Stoffe wie Schweißgase oder Stäube entstehen.

Die **Brandgefahr** dagegen lässt sich lediglich minimieren, sowohl was die Schadenhäufigkeit betrifft als auch im Hinblick auf die Schadenschwere. Deshalb besteht der **Brandschutz** auch aus den beiden Teilen

- **vorbeugend** und
- **abwehrend**,

und diese wiederum, wie die nachfolgende Übersicht beispielhaft zeigt, aus baulichen, anlagentechnischen und organisatorischen Unterpunkten.

Brandschutz	Baulich	Anlagentechnisch	Organisatorisch
Vorbeugend	■ Nichtbrennbare Isolation ■ Feuerbeständige Bauweise ■ …	■ Folienwickeln anstatt Folienschrumpfen ■ Gaswarnanlagen für explosive Gase ■ …	■ Belegschaft unterweisen ■ Nichtbrennbare Reinigungsmittel ■ …
Abwehrend	■ Brandwand ■ Brandschutztür ■ …	■ Brandlöschanlage ■ Entrauchungsanlage ■ …	■ Räumungsübungen ■ Löschtraining ■ …

Tab. 8: Übersicht baulicher, anlagentechnischer und organisatorischer Brandschutz

Optimieren lässt sich der Brandschutz durch das Ergänzen der jeweiligen Felder. Dabei ist immer zu überlegen, ob etwas **schadenverhindernd** (also präventiv, vorbeugend) wirksam ist, oder lediglich **schadensmindernd** (also kurativ, abwehrend) wirkt.

Bei der Beseitigung bzw. Minimierung der Brandgefahren geht man also immer mehrgleisig vor. Dabei gibt es keine Prioritäten, der eine Punkt ist nicht wichtiger oder bedeutender als der andere. Der bauliche Brandschutz ist nicht von größerer oder geringerer Bedeutung als der anlagentechnische oder der organisatorische, aber alle zusammengenommen bewirken, dass die Brandgefahr deutlich minimiert wird. Nur wenn man einen vernünftigen, individuell sinnvollen Mix hinbekommt, ist der Brandschutz optimal.

Ganz anders ist der **Explosionsschutz** aufgebaut, der drei Prioritäten kennt. Diese sind in ihrer Gewichtung abgestuft (die erste ist von deutlich größerer Bedeutung als die zweite und diese wiederum als die dritte). Geht es beim Brandschutz darum, einen Brand möglichst nicht entstehen zu lassen, so geht es beim Explosionsschutz darum, dass es mit Sicherheit nicht zu einer Explosion oder gar Detonation kommt.

- Deshalb will der **Primäre Explosionsschutz** auch, dass es nicht zur Bildung einer explosionsfähigen Atmosphäre kommt; kann man diese vermeiden, ist eine Explosion mit absoluter Sicherheit nicht möglich – allerdings kann es, wie eben erwähnt, immer noch zu einem Brand kommen.
- Der **Sekundäre Explosionsschutz** geht davon aus, dass es zur Bildung einer explosionsfähigen Atmosphäre gekommen ist; nun gilt es, die Zündung zu vermeiden. Ist es in einigen Produktionsbereichen nicht möglich, die Bildung einer explosionsfähigen Atmosphäre zu verhindern, kommt es allerdings nicht allein dadurch automatisch zu einer Explosion. Im Falle aufgewirbelten feinen Staubs wird die Explosionsgefahr schnell wieder bei null sein, wenn sich der Staub gelegt hat; im Falle verschütteten Benzindampfs im Keller wird die Explosionsgefahr so lange bestehen bleiben, bis man den Keller effektiv entlüftet (z. B. durch das Absaugen der Dämpfe am Boden – einfach nur das Fenster zu öffnen, würde hier nichts bringen). Allerdings können sich die beispielhaft aufgeführten Stäube bzw. Dämpfe durch am Körper mitgeführte Elektrostatik, durch ein nicht explosionsgeschütztes Elektrogerät oder durch Schweißfunken entzünden. Nur wenn beides nicht gelingt, also sowohl Bildung als auch Zündung zu vermeiden, kommt es zu einer Explosion.
- Der **Tertiäre Explosionsschutz** will nun, dass die stattfindende Explosion Menschen und Sachwerten keine oder zumindest keine erheblichen Schäden zufügt; er ist umzusetzen, wenn sich auf primärem und sekundärem Wege das Sicherheitsniveau von 100 % nicht erreichen lässt und dadurch eine relevante Gefährdung für Personen vorliegt.

Nachfolgend sind den drei Wegen zum Explosionsschutz mehrere effektive **Präventivmaßnahmen** zugeordnet:

1. Der **Primäre Explosionsschutz** versucht, die Bildung einer zündfähigen, explosionsfähigen Atmosphäre zu vermeiden, das geht u. a. wie folgt (Reihenfolge ohne Wertung):
   - Verwenden bruchsicherer Behälter,
   - Schulung, Auswahl der Belegschaft,
   - Kontrollen,
   - Substituieren von Stoffen,
   - regelmäßiges Absaugen, sauber halten,
   - effektive Entlüftungsanlagen,
   - Verfahrenstechnik in geschlossenen Bereichen durchführen,
   - Mess-Sensoren anbringen,
   - Reduzieren/Minimieren,
   - u. v. a. m.
2. Der **Sekundäre Explosionsschutz** versucht, die Zündung einer möglicherweise bereits gebildeten explosionsfähigen Atmosphäre wie folgt zu verhindern:
   - Zutrittsverbote,
   - explosionsgeschützte Beleuchtungsanlagen, Lichtschalter und Steckdosen,
   - besondere Schutzkleidung,
   - explosionsgeschützte elektrische Geräte und Anlagen,
   - EX-geschützte mechanische Geräte,
   - u. v. a. m.
3. Der **Tertiäre Explosionsschutz** versucht, die stattfindende Explosion auf ein Minimum zu reduzieren; das geht u. a. wie folgt:
   - Funkenerkennung,
   - Funkenausscheidung,
   - Funkenlöschung,
   - Menschen und Anlagen räumlich oder zeitlich voneinander trennen,
   - EX-Druck-Entlastungsöffnungen schaffen,
   - EX-feste Bauweise von Anlagen, Reaktoren und Absauganlagen,
   - u. v. a. m.

Da es nur dann brennen oder ggf. sogar explodieren kann, wenn Brandlasten mit Zündenergien zusammenkommen, ist es bereits besonders effektiv, **Brandlasten** und potenzielle **Zündquellen** räumlich und zeitlich voneinander zu **trennen**. Hierzu ein paar Beispiele:

- Der geschlossene, nicht brennbare **Abfallbehälter** wird bewusst nicht vor der Stromanlage abgestellt, sondern an einer Wand, an der keinerlei Zündquellen vorhanden sind.
- Die **brennbare Flüssigkeit** wird in einem besonderen Behälter (nichtbrennbar, selbstschließend, Öffnung mit explosionssicherem Lochblech versehen) am Arbeitsplatz bereitgestellt.
- Der elektrisch betriebene **Gabelstapler** wird nachts in einem **eigenen Bereich** geladen und nicht im Lager.
- Die **Kompressoren** werden außen an einer Gebäudewand ohne Fenster oder in eigenen Räumen betrieben, die feuerbeständig abgetrennt sind.
- **Lithium-Ionen-Akkus** werden in extra dafür vorgesehenen Behältnissen gelagert.
- Die Brandlasten im **Magazin** werden nicht mehr offen, sondern in geschlossenen Metallschränken gelagert.
- Die bestehende Beleuchtungsanlage wird gegen eine **brandsichere**, moderne und eingehauste **Beleuchtungsanlage** ausgetauscht.
- Erstellen von **Arbeitsanweisungen**, wonach größere Mengen an brennbarem Abfall aus den Produktions- oder Lagerräumen umgehend und brandsicher zu entsorgen sind.
- Die beiden Bereiche „**Gasflaschenlager**" und „**Gefahrstofflager**" werden baulich oder räumlich von anderen Bereichen brandsicher **abgetrennt**.
- Gebrannte Bausteine (**Ziegel**) kommen erst nach der Erkaltung auf die Holzpaletten.
- Der Boden in der Scheune/**Lagerhalle** wird frei von Staub und Gras/Heu gehalten, wenn der Traktor oder **LKW** einfährt und dort stehen bleibt.
- Die **Fritteuse** wird dort platziert, wo eine gefährliche Flüssigkeit (z. B. Wasser) nicht fahrlässig hineinfließen kann oder – noch besser – durch einen Heißluftofen substituiert.
- Das **Radio** am Arbeitsplatz wird nicht mehr mit Netzstrom betrieben, sondern mit Batterien bzw. Akkus.

Im Prinzip sind diese Überlegungen nichts anderes als Gefahrenbeseitigungen, Gefahrenminimierung und damit Gefährdungsbeurteilungen. Näheres zu Gefährdungsbeurteilungen findet sich in Kapitel 10.1. Das Umsetzen dieser Maßnahmen hilft, nach Schäden auch juristisch belegen zu können, dass man sich in diese Richtungen Gedanken gemacht und brandschutztechnische Vorgaben umgesetzt hat. Die nachfolgenden Unterkapitel gehen auf verschiedene weitere Brandgefahren und Brandgefährdungen ein.

5.1 Brandrisiken in Unternehmen

Auch von **Gebäuden** selbst können, wie natürlich auch von Personen und betrieblichen Aktivitäten, Brandgefahren ausgehen. Dabei spielen brennbare Baustoffe, der Gebäudezustand und die Anzahl, Lage und Ausbildung der Fluchtwege eine erhebliche Rolle.

5.1.1 Gebäudeaußenhaut

Bei Gebäuden sind es zum einen die **brennbaren Gebäudebestandteile** und zum anderen die **Feuerwiderstandsdauer** der tragenden Teile. Auf beides hat man entscheidenden Einfluss, wenn ein Gebäude errichtet oder generalsaniert wird. Dies zeigt sich im Übrigen auch in den Versicherungsprämien der Feuerversicherungen, die zunehmend mehr diese beiden Punkte berücksichtigen. Aufgrund der Energieeinsparverordnung (EnEV) greifen immer mehr Unternehmen zu nachgerüsteten, **wärmedämmenden Produkten**, die brennbar sind, obwohl es auch nichtbrennbare Materialien gibt.

Bei derartigen Vorhaben ist vorab zu klären, welches Material möglich und ob eine Dämmung überhaupt sinnvoll ist. Bei einigen Gebäuden ist es schlichtweg nicht sinnvoll, sie zu dämmen, denn die Kosten für die Dämmung sind oftmals deutlich höher, als man in 30 Jahren einsparen kann. Wobei es unsolide wäre, heute Prognosen darüber abzugeben, was Energie in 30 Jahren kosten wird (Stichwort: Russlandkrieg gegen die Ukraine sowie die EU-Sanktionen bezüglich des Einkaufs von Gas aus Russland). Brennbare Gebäudeisolationen erhöhen darüber hinaus nicht nur das Brandrisiko, sondern oft auch die Versicherungsprämien deutlich; sie sind daher nur in wenigen Ausnahmefällen empfehlenswert. Manche Versicherungen bieten für PS-gedämmte Gebäude heute schon keinen Versicherungsschutz mehr an oder verlangen exorbitant hohe Prämien. So kann z. B. das Anbringen von brennbaren **Bitumenbahnen** auf dem Flachdach oder auch dessen Dämmung mit **Polystyrol** (ebenso wie das Installieren einer PV-Anlage auf dem Dach) eine zuvor intakte und funktionsfähige Sprinkleranlage uneffektiv werden lassen, was den Versicherungsrabatt von vielleicht 60 % auf 0 % schrumpfen lässt. Die nichtbrennbaren Gebäudeisolationen kosten in Anschaffung und Anbringung zwar etwas mehr, dafür amortisieren sich die Kosten durch eine deutlich attraktivere Versicherungsprämie (für Gebäude, Inhalte und Betriebsunterbrechung). Zudem spart man sich die durchaus nicht geringen Kosten der Materialtrennung und Entsorgung eines mit Polystyrol wärmegedämmten Gebäudes. Der Brandschutzbeauftragte tut seinem Unternehmen also einen großen Gefallen – und zwar langfristig –, wenn er auf möglichst viele brennbare Gebäudebestandteile verzichtet, auch wenn diese baurechtlich zugelassen sind. Sinnvoll ist es immer, den Kontakt zum Versicherer zu suchen und solche Investitionen wie PV-Anlagen, Dachdämmungen oder Wandverkleidungen einvernehmlich zu klären – *bevor* man sie anbringt und nicht anschließend!

Da bei einem Brand die Brandhitze nach oben steigt, ist – gerade bei Industriehallen – der gesamte **Dachaufbau** besonders wichtig. Ist dieser brennbar, wird er zügig heiß und unterstützt ein Schadenfeuer mit dem Resultat, dass das Gebäude komplett abbrennt. Das hat den Haupteffekt, dass Gebäude und Inhalte verloren gehen und eine erhebliche Betriebsunterbrechung entsteht. Logische Schlussfolgerung ist, dass die Versicherungen für Gebäude, die mit brennbaren Materialien gedämmt sind, deutlich mehr Versicherungsprämien verlangen, da die Risiken und die zu erwartenden Schadenzahlungen steigen.

Abb. 10: Gipskartonplatten gelten als nichtbrennbar, sie können auch feuerhemmend oder feuerbeständig gefertigt sein [Friedl]

Unabhängig von der Isolation gelten üblicherweise als „besonders gefährliche“ Gebäude:

- öffentliche Gebäude,
- unterirdische Bereiche,
- Bereiche höher als 22 m,
- besonders viele heterogene Personen in einem Gebäude,
- viele Personen in einem Raum (200 oder mehr),
- fehlender Fluchtweg (Feuerwehrleitern),
- mangelbehaftete Gebäude,
- fehlende Sicherheitstechnik,
- allgemein Versammlungsstätten.

Von besonderer Bedeutung ist daher die schon angesprochene **Feuerwiderstandsdauer** der tragenden Gebäudeteile. Die Feuerwiderstandsdauer gibt die Zeit in Minuten an, während derer ein Bauelement im Falle eines Brandes seine Funktion behält. Wenn diese bei mindestens 30 oder sogar 90 Minuten liegt, dann sollte ein Feuer diesen Teilen meist nichts Erhebliches antun. Man kann z.B. die Stahlstützen einer Halle durch Anbringen einer besonderen Lackierung, durch die Verkleidung mit Gipskartonplatten oder durch die Umhüllung mit Zementmörtel feuerbeständig ausbilden, auch nachträglich. Die Lackierung ist wahrscheinlich die kostengünstigste Lösung, doch durch Feuchtigkeit oder Dämpfe von Chemikalien kann der Lack im Laufe der Zeit beschädigt und damit uneffektiv werden. Brandschutzbeauftragte müssen wissen, dass Bauteile mit 30 oder gar 90 Minuten Feuerwiderstandsdauer nach exakt dieser Zeit ggf. die strengen Prüfkriterien nicht mehr erfüllen – ihre Funktion als brandabhaltendes Bauteil jedoch noch voll und längere Zeit erfüllen. Eine Tür mit der Einstufung T 90 ist also nicht dreimal so gut wie eine Tür mit der Einstufung T 30; hier ist es deutlich sicherheitserhöhender, dass die Tür auch gewartet, korrekt eingebaut und geschlossen ist!

5.1.2 Brandlasten am Arbeitsplatz

Die Versorgung der **Arbeitsplätze** mit den dort benötigten Materialien ist insofern für den Brandschutzbeauftragten von Bedeutung, wenn es sich um brennbare Gegenstände handelt. **Brandlasten** sind am Arbeitsplatz auf die für das Fortführen der Arbeit nötige Menge zu begrenzen. Es sind jeweils nur maximal die für eine Schicht (also für ca. acht Stunden) nötigen Mengen vorzuhalten. Bei Schweißarbeitsplätzen beispielsweise akzeptiert man eine Acetylen- und eine Sauerstoffflasche je Arbeitsplatz sowie je eine solche Reserveflasche. Nicht benötigte Mengen sind in eigens dafür vorgesehenen Lagerbereichen und nicht in den Produktionsbereichen unterzubringen.

Gibt es in einem Unternehmen explosionsfähige Stoffe, dann sind hier verständlicherweise besondere **Vorsorgemaßahmen** zu treffen. Explodieren können die Dämpfe von brennbaren Flüssigkeiten ebenso wie ausgetretene brennbare Gase oder feinste Stäube. Bei den für die Produktion notwendigen Gasen interessieren für die Brandgefährdungsbeurteilung insbesondere die brennbaren Gase, alle anderen sind für den Arbeitsschutz relevant.

Ein weiteres Brandrisiko in Unternehmen ist die teilweise festzustellende „**Betriebsblindheit**“, was Gefährdungen – nicht nur Brandgefahren, auch Arbeitsschutz und andere Bereiche – anbelangt. Dem kann man mit der richtigen Auswahl, Schulung und Kontrolle der Angestellten entgegenwirken. Auch auf Ebene der Vorgesetzen kann die Kontrolle der Brandgefahren durch einen aus einem anderen Fachbereich des Unternehmens stammenden Meister vorgesehen werden.

Dies ist immer dann von besonderer Bedeutung, wenn Fremde (also juristisch ausgedrückt „Dritte") im Unternehmen aktiv sind, also z.B. Reinigungsleute, Bodenleger, Elektriker, Maurer, Trockenbauer und andere mehr. Die Gefahren erhöhen sich, wenn diese Personen mehrere Tage vor Ort sind. Dann steigt die Wahrscheinlichkeit, dass Abfälle über Nacht liegen gelassen, Elektrogeräte nachts geladen oder Gasflaschen im Unternehmen gelagert werden. Ein solches Szenario zeigt die nachfolgende Abbildung.

Abb. 11: Verbotene, hochgefährliche Lagerung von Gasflaschen an der Rampe einer Einfahrt zur Tiefgarage [Friedl]

Eine relativ neue und wirklich gefährliche Brandursache in Unternehmen sind Akkus mit Lithium. Diese sind wesentlich energiereicher als konventionelle Akkus bzw. Batterien und heute in vielen Bereichen üblich geworden. Sinnvoll ist der Tipp, auf akkubetriebene Geräte dort zu verzichten, wo dies möglich ist – etwa bei Staubsaugern. Bei Akkuschraubern jedoch ist es üblich, dass diese von Handwerkern benutzt werden, und das ist sowohl sinnvoll als auch erlaubt (weil betrieblich notwendig). Nicht betrieblich notwendig sind jedoch private Smartphones am Arbeitsplatz (noch dazu, wenn sie dort geladen werden), das Einbringen von E-Bike-Akkus ins Unternehmen zum Zweck des Diebstahlschutzes oder um sie zu laden, oder E-Roller. Diese Gerätschaften gehören nicht zum unternehmerischen Inventar und zur Unternehmensart und deren Schäden sind demzufolge versicherungsrechtlich nicht geregelt – soll heißen, dass Versicherungen die Begleichung der Brände von privaten Li-Akkus ablehnen. Das muss der Brandschutzbeauftragte wissen. Und er muss damit umgehen können, und zwar konstruktiv: Destruktiv wäre es, solche Dinge pauschal zu verbieten. Destruktiv deshalb, weil es dann heimlich im Verborgenen stattfindet und die Gefahr nicht verringert wird. Konstruktiv wäre es, Lösungen gemeinsam mit dem Versicherer zu finden und brandsichere Bereiche zu stellen, wo diese Teile gelagert und – so man das will – auch geladen werden können. Die Garagenbauordnungen jedenfalls erlauben das Abstellen und Laden von elektrischen Kraftfahrzeugen, nicht jedoch das Laden und Abstellen von elektrischen Fahrrädern. Dies mag unsinnig klingen, ist es aber nicht: Durch die Tatsache, dass Räder öfters umfallen oder die Akkus beim Herausnehmen und beim Transport herunterfallen können, unterliegen deren Akkus einer deutlich größeren Brandgefahr. Bereits die Energie eines Smartphone-Akkus kann einen immensen Brand auslösen (entsprechende Filme findet man im Internet) und demzufolge ist die Energie eines Laptop-Akkus oder eines Fahrrades noch deutlich höher und somit brandgefährlicher. Als Lösung bietet sich – neben dem Verbieten – Folgendes an: eigene Räumlichkeiten, brandschutztechnisch abgetrennt oder dafür vorgesehene Lager- und Ladeschränke. Drittens kann es sinnvoll sein, diese Räder in den gesicherten Außenbereichen abzustellen. Übrigens: Auch die Ladestationen von E-Autos soll man außerhalb von Garagen im Freien anbringen und dort möglichst mindestens 5 m von den Gebäuden entfernt halten, damit ein Brandüberschlag vermieden wird. Die Versicherungen haben mit drei unverbindlichen Empfehlungen (VdS 3103 – Li-Batterien, VdS 3471 – Ladestationen für Straßen-Elektrofahrzeuge und VdS 3885 – Elektrofahrzeuge in Garagen) mehr oder weniger erfolgreich versucht, die Brandgefahr durch Li-Akkus in den Griff zu bekommen.

5.1.3 Abfallentsorgung

Wichtig für den Brandschutzbeauftragten, beziehungsweise für den betrieblichen Brandschutz, sind auch die **Entsorgungsregelungen**. Die Entsorgung ist an vielen und unterschiedlichen Orten geregelt:

- **DGUV Vorschrift 1,**
- **VVB,**

- **TGRS 201,**
- **DGUV Regel 100-500,**
- **ArbStättV,**
- **KrW/AbfG,**
- **DGUV Information 205-001,**
- **DGUV Regel 113-009,**
- **DGUV Regel 114-007,**
- **BetrSichV,**
- **GefStoffV,**
- **StGB,**
- **ChemG,**
- **Landesbauordnungen.**

Es mag darüber hinaus noch weitere Stellen zur Regelung von Abfällen geben; diese Auflistung hat nicht den Anspruch, vollständig zu sein. Unterschiedliche **Abfälle** sind zu trennen. Sie müssen arbeitstäglich entfernt werden, und zwar möglichst zeitnah – spätestens jedoch zum Arbeitsende. Somit hat jedes Unternehmen ein Brandschutzproblem, wenn die Abfallentsorgung erst Stunden nach Arbeitsende eingeleitet wird, insbesondere dann, wenn der Abfall sich selbst entzünden kann. Die erwähnte **DGUV Regel 113-009** (Brandgefahr durch Feststoffe, Flüssigkeiten, Gase) regelt: Brennbare Stoffe, die unter die Gefahrstoffverordnung fallen oder die mit Lösemitteln getränkt sind, müssen in verschließbaren Sammelbehältern aus nicht brennbarem Werkstoff mit selbsttätig und dicht schließendem Deckel aufbewahrt werden.

Bei Abfällen ist zu berücksichtigen, dass sich diese unter ungünstigen Umständen auch **selbst entzünden** können, etwa ölgetränkte Lappen, Elektrogeräte, alte Akkus, Batterien (vgl. VdS 3103 und Abbildung 12), Stahlwolle oder bestimmte Chemikalien (auch Reinigungsmittel!). Selbst wenn Abfälle grundsätzlich getrennt gesammelt werden, zeigt die Erfahrung, dass sich die Belegschaft daran nicht (immer) hält. So forderte beispielsweise die alte Fassung der Batterieverordnung der Bundesregierung (BattV), dass von **Batterien** (auch von Knopfzellen) die beiden Pole mit einem Klebeband abzukleben sind – heute ist das in der aktuellen Fassung des Batteriegesetzes (BattG) nicht mehr gefordert, aber es würde den Brandschutz auch heute noch verbessern! Da verbrauchte Batterien nie leer, sondern lediglich entleert sind, können sich bei ungünstiger Konstellation die Restenergien addieren und so zu Bränden führen. Das bedeutet konkret, dass man die Lagerung an einer Stelle vornimmt, an der ein Brand keinen besonders großen Schaden anrich-

Abb. 12: Fehlende Abklebung der Batteriepole [Friedl]

5

ten kann (also nicht im Lager, nicht in der Produktion) und keine Gefährdung für Personen bedeutet (also nicht in den Fluchtwegen). Eine unter Brandschutzgesichtspunkten ungenügende Lagerung von Altbatterien zeigt die nachfolgende Abbildung. Auch wenn in jüngster Vergangenheit deutlich mehr Lithium-Ionen-Batterien und -Akkus zum Einsatz kommen und diese wegen der deutlich höheren gespeicherten Energie häufiger brennen, gibt es diesbezüglich keine Vorgaben, auch nicht in der VdS 3103. Der Brandschutzbeauftragte muss aber darauf achten, dass z. B. die Akkus von E-Bikes nicht unter dem Schreibtisch geladen werden (hohe Brandgefahr), auch weil das keine versicherungsersatzpflichtige Schäden wären, weil das Laden ja keine versicherte, unternehmerische Arbeit darstellt. Ein großer Elektrokonzern in Deutschland hat nicht nur das Laden von Akkus von E-Rädern, sondern sogar das Laden privater Smartphones im Unternehmen gänzlich verboten – nicht aus Kostengründen, sondern aus Brandschutzgründen. Eine Gefährdungsbeurteilung mit klaren Betriebsanweisungen muss ergeben, ob und wo derartige Akkus gelagert und betrieben werden dürfen.

5.2 Gefährdung von Personen

Grundsätzlich sind natürlich alle **Personen** in einem Gebäude bei einem Brand gefährdet. Zum einen durch das Feuer bzw. dessen Rauch, zum anderen durch möglicherweise falsches Verhalten. Deshalb kommt der **Unterwei-**

sung besondere Bedeutung zu. Die ASR A2.2 (Maßnahmen gegen Brände, Fassung Mai 2018) fordert die Unterweisung der Mitarbeiter hinsichtlich möglicher Brandgefährdungen, präventive Maßnahmen (gegen Entstehungsbrände, Vermeiden von Explosionen) ebenso wie über kurative Maßnahmen (Verhalten im Brandfall, Gebäuderäumung). Dies muss mindestens einmal im Jahr geschehen. Die Unterweisung ist zu dokumentieren. Die Verantwortlichen müssen dafür sorgen, dass die Randbedingungen eingehalten werden. Das kann das unzulässige Aufhalten von Rauch- und Brandschutztüren betreffen, das Freihalten der Fluchtwege vor Stolpergefahren oder Brandlasten (Kopierer in notwendigen Fluren), oder auch die Öffnungsmöglichkeiten von Ausgängen von innen ohne Hilfsmittel wie z. B. Schlüssel.

Eine besonders **große Anzahl** an **Personen** ist gefährdet, wenn sich in einem einzelnen Raum – z. B. bei Feiern oder Betriebsversammlungen – **200** oder mehr Personen aufhalten. Dann gilt dieses Gebäude nach der jeweiligen Landesbauordnung als Sonderbau (bzw. für Räume mit mehr als 100 Personen). Dies sind Gebäude, von denen in der Regel ein **erhöhtes Gefahrenpotenzial** ausgeht. An solche Gebäude werden dann besondere, weitergehende brandschutztechnische Anforderungen gestellt. Für die genannten Veranstaltungsformen wird daher als brandschutztechnisches Minimum gefordert, dass

- die Türen eine lichte Breite von mindestens 120 cm haben,
- die Türen in Fluchtrichtung aufschlagen,
- es für Abendveranstaltungen Notstrom für die Notbeleuchtung (meist auch für die Toilettenräume) gibt,
- die Veranstaltung auch bei der für den Brandschutz zuständigen Behörde angezeigt ist.

Näheres zu den Sonderbauten findet sich in Kapitel 6.1 des Lehrbuches.

Mit **emotional** aufgeheizten oder alkoholisierten Menschen hat man primär dann zu tun, wenn man Versammlungsstätten (etwa ein Sportstadion) betreibt. Dann muss man auch damit rechnen und entsprechende Vorsorgemaßnahmen treffen – bei Betriebsversammlungen also eher weniger, bei Betriebsfeiern wohl mehr.

Körperlich **beeinträchtigte Personen** sind in den Unternehmen grundlegend solche mit motorischen Einschränkungen (die Versammlungsstättenverordnung geht von 1 % aus, d. h. dass man mit dieser Zahl mindestens rechnen muss). Üblicherweise hat jede beeinträchtigte Person zwei sog. „Paten“, die ihr im Evakuierungsfall zur Seite stehen (wie etwa Stützen, Tragen oder Betreuen). Es gibt auch sog. Evakuierungsstühle, mit denen selbst deutlich schwerere Personen zügig und sicher eine Treppe heruntergebracht werden können.

Für **Ruheräume**, in denen Personen auch schlafen können, gelten die Vorgaben aus der Bauordnung der meisten Bundesländer. Es sind Heimrauchmelder in den Räumen an die Decke zu hängen und von den Räumen aus weiter bis zum Eingang in den Treppenraum. Wenn diese zu weitläufig sind, wird zu untereinander verbundenen Funkrauchmeldern geraten.

5.3 Besondere Gefährdungen

Meist sind brandschutztechnische Einrichtungen offizieller Bestandteil der Gebäude- bzw. Betreibergenehmigung, d.h. diese müssen funktionsfähig sein und ebenso erhalten werden. Wenn nun die Sprinkleranlage gewartet wird oder eine Entrauchungsöffnung defekt ist, so muss das nicht unbedingt bedeuteten, dass man das Unternehmen so lange nicht mehr betreiben darf, bis die Funktionsunfähigkeit professionell beseitigt worden ist. Es kommt darauf an, ob der Ausfall als „erheblich“, also sicherheitsgefährdend, oder als weniger gravierend einzustufen ist. Bei einem Ausfall der Sprinkleranlage ist die zuständige Feuerwehr zu informieren, bei einem Ausfall der Brandmeldeanlage üblicherweise nicht – das ist gängige und gelebte Praxis in Deutschland.

Die Versammlungsstättenverordnung sagt hierzu aus (beispielhaft sei der § 38 Abs. 4 der bayerischen VStättV genannt; diese Forderung findet sich jedoch in allen 15 weiteren Versammlungsstättenverordnungen Deutschlands): „Der Betreiber ist zur Einstellung des Betriebs verpflichtet, wenn für die Sicherheit der Versammlungsstätte notwendige Anlagen, Einrichtungen oder Vorrichtungen nicht betriebsfähig sind oder wenn Betriebsvorschriften nicht eingehalten werden können.“ Es ist daher ratsam, sich vorab verschiedene **Kompensationsmaßnahmen** für verschiedene Szenarien zu überlegen, damit man eine geplante Veranstaltung nicht absagen muss. Sollte z.B. die Notstromanlage ausfallen, lässt sich vorsorgen, indem man eine entsprechende Anzahl von akkubetriebenen Handlampen bereithält (Abbildung 13).

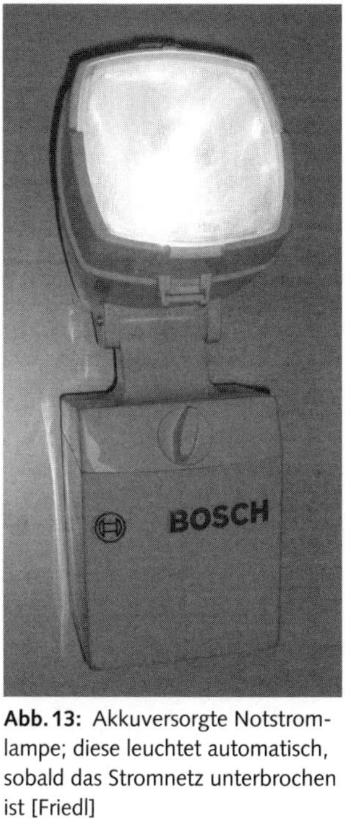

Abb. 13: Akkuversorgte Notstromlampe; diese leuchtet automatisch, sobald das Stromnetz unterbrochen ist [Friedl]

5.3.1 Feuergefährliche Arbeiten

Eine **„besondere" Brandgefahr** liegt immer dann vor, wenn **feuergefährliche Arbeiten** anstehen. Die Feuerversicherungen, Berufsgenossenschaften und auch die sicherheitstechnische Gesetzgebung fordert bei feuergefährlichen Arbeiten außerhalb dafür vorgesehener Arbeitsbereiche besondere Sicherungsmaßnahmen vor, während und nach den Feuerarbeiten. Und zwar unabhängig von der Tatsache, ob ein Mitarbeiter des Unternehmens oder ein Fremdhandwerker diese Arbeiten durchführt. Im Internet, von der Berufsgenossenschaft oder auch vom Feuerversicherer erhält man das dazugehörige Formular, den sogenannten **Erlaubnisschein** für feuergefährliche Arbeiten. Dieser ist üblicherweise von drei Personen zu unterschreiben: von der Bereichsleitung, von der Person, die die feuergefährlichen Arbeiten durchführt, und von der Brandwache, die es meist noch geben muss. Vorlagen für solche Scheine bekommt man von der Berufsgenossenschaft oder den Feuerversicherungen.

Manche Versicherungen fordern für 2 Stunden eine **Brandwache**, und zwar die ersten 30 Minuten ständig und danach in Abständen von 10 oder 15 Minuten, andere für 4 Stunden, und bei Versicherungen aus den USA kommt nicht selten die Forderung nach einer 5- oder gar 24-stündigen Brandwache, insbesondere bei Feuerarbeiten in wertvollen und hoch versicherten Lagern. Zu den weiteren, vom Brandschutzbeauftragten durchzuführenden Brandschutzmaßnahmen bei feuergefährlichen Arbeiten siehe Kapitel 9.2.

5.3.2 Tätigkeiten von Fremdfirmen

Die Tätigkeiten von **Fremdfirmen** sind grundsätzlich auch brandschutztechnisch relevant. Informationen dazu lassen sich aus der DGUV Vorschrift 38 oder auch der aus der Praxis stammenden und damit sehr guten VdS 2021 entnehmen. Bei der Vergabe von Aufträgen sollen auch sicherheitsrelevante Dinge angesprochen werden, wie das Einhalten der Vorschriften der Berufsgenossenschaften (DGUV Vorschrift 1 – Unterweisung der Belegschaft und DGUV Vorschrift 3 – Überprüfung der eingesetzten Elektrogeräte), aber auch die Vorgaben der Technischen Regeln und der weiteren Gesetzgebung (ArbStättV, GefStoffV, ASiG, ArbSchG, BetrSichV, RAB). Darüber hinaus muss auch die Stellung von persönlicher Schutzausrüstung, von Handfeuerlöschern und Erste-Hilfe-Material geregelt sein.

Die DGUV Vorschrift 1 bestimmt in § 6, dass man einen **weisungsbefugten Koordinator** stellen muss, sobald Fremdhandwerker im Unternehmen arbeiten. Das ist eine ganz wichtige Forderung, gegen die viele Unternehmen täglich sträflich verstoßen: Somit entfällt bei unglücklicher Konstellation nach einem Brandschaden der Versicherungsschutz. Vorab sind Feuerlöscher bereitzustellen und mobile Brandlasten aus dem Gefahrenbereich zu entfernen. Der für den Bereich verantwortliche Mitarbeiter muss die Arbeiten genehmigen. Ebenfalls vorab ist zu regeln, welcher Abfall entsteht, wo dieser gelagert wird und wer ihn wann entsorgt. Wichtig ist zu wissen, welche Arbeiten durchgeführt werden, mit welchen Energien gearbeitet wird und welche Stoffe (Gase, brennbare Flüssigkeiten) eingesetzt werden. Ziel dieser Maßnahmen ist es, dass keine Gefahr für Menschen und Gegenstände entstehen. Wer einer Handwerkerfirma einen Auftrag vergibt, sollte dieser den bereits erwähnten Erlaubnisschein für feuergefährliche Arbeiten zum Unterschreiben vorlegen. Durch die Unterschrift versichern die Handwerker, dass sie sich an die geltenden Vorschriften vor, während und nach der feuergefährlichen Arbeit halten. Das Einhalten sicherheitstechnischer Maßnahmen ist dann Vertragsbestandteil.

Abschließend soll der nachfolgende, tragische Fall zeigen, dass man für alle Arten von gefährlichen Arbeiten sog. befähigte Personen einsetzen muss – und zwar als Arbeiter ebenso wie als Vorgesetzter (OLG Oldenburg, Az. 1 U 33/10): Ein Baustellen- und Projektleiter war seit vielen Jahren bei einer gemeinnützigen Zeitarbeitsfirma angestellt. Am 28.04. sollte er auf einem Baugrundstück mehrere Bäume fällen lassen. Dazu teilte er zwei Beschäftigte ein, die keinerlei Erfahrung mit Baumfällarbeiten besaßen. Auch der Baustellenleiter selbst – von Haus aus Gas- und Wasserinstallateur-Meister – kannte sich mit diesen Arbeiten nicht aus. Er wies die Männer an, zum Fällen der ca. 10 m hohen Bäume einen Kettenzug zu benutzen, den sie zwischen dem Baum und einem auf dem Grundstück vorhandenen Schornstein spannen sollten, damit der Baum in die richtige Richtung fiel. Anschließend entfernte er sich von der Baustelle. Der baufällige Schornstein stürzte unter der übermäßigen Kettenspannung um und begrub die beiden Kollegen unter sich. Der eine ist seither aufgrund zertrümmerter Rückenwirbel querschnittsgelähmt, der andere zu 20 % erwerbsgemindert.

5.4 Brennbare und brandfördernde Gase

Jedes Unternehmen, das mit **brennbaren Gasen** zu tun hat, muss sich damit beschäftigen, dass diese Gase erstens nicht unkontrolliert austreten können und zweitens nicht zur Zündung kommen. Deshalb gibt es eine Reihe von **Technischen Regeln** (TR), wie man so etwas verhindert, wie man mit Gasflaschen umzugehen hat und wie man die Gefahren so gering wie möglich hält. Auch kann man die RAB – Regeln zum Arbeitsschutz Baustellen – zu Rate ziehen. Auskunft darüber, welche Vorgaben gerade aktuell sind, geben beispielsweise die Berufsgenossenschaften, das zuständige Innenministerium oder auch die Bundesanstalt für Arbeitsschutz und Arbeitsmedizin (BAuA) auf ihrer Internetseite. Manchmal empfiehlt es sich auch, einfach den Lieferanten bzw. Inverkehrbringer des Produkts zu befragen. Die Technischen Regeln für Gase **(TRG)** und Gefahrstoffe **(TRGS)** regeln den konkreten Umgang mit brennbaren und brandfördernden Gasen. Beispielhaft seien aufgeführt:

- **TRG 404, Anlage 6** (Anlagen zum Füllen von Treibgastanks; Muster-Betriebsanleitung – Hinweis: Seit 01.01.2013 ist diese TRG außer Kraft gesetzt, ebenso wie auch die viele gute und wichtige Punkte enthaltende TRG 280; dennoch können solche zurückgezogenen Regelungen auch heute immer dann noch als gute Erkenntnisgrundlage herangezogen werden, wenn die darin vorgeschlagenen Lösungswege sinnvoll und aktuell und eben nicht überholt oder veraltet sind),
- **TRGS 509** (Lagerung von flüssigen und festen Gefahrstoffen in ortsfesten Behältern),
- **TRGS 510** (Lagerung von Gefahrstoffen in ortsbeweglichen Behältern),
- **TRGS 555** (Technische Regel für Gefahrstoffe – Betriebsanleitungen und Information der Beschäftigten).

Es ist auf jeden Fall für alle Brandschutzbeauftragten empfehlenswert, die TRGS 510 in ihrer jeweils aktuellen Fassung herunterzuladen und sie gut durchzulesen – um im Anschluss die Ist-Situationen im Unternehmen mit den geforderten Soll-Zuständen abzugleichen. In diesem Zusammenhang wichtig zu kennen ist die **„brandfördernde“ Wirkung** von **Sauerstoff** (O_2). Das bedeutet, dass dieses Gas zwar selbst nicht brennen kann, andere Gase aber zum schnelleren, heißeren und leichteren Brennen verleiten bzw. deren Abbrandverhalten extrem negativ verändern kann. So kann es z. B. passieren, dass die Kleidung eines Menschen allein durch die Berührung mit einem Elektrostatik führenden Gegenstand oder anderen Menschen zu einer explosionsartig sich ausbreitende Flamme über den gesamten Menschen wird – wenn dieser zuvor sich Sauerstoff auf oder unter die Kleidung geblasen hat (etwa, um Schweiß von der Haut oder Staub von der Kleidung zu entfernen). Üblich sind Sauerstoffkonzentrationen von knapp 21 Vol.-% in der Luft. Wenn diese auf nur 30 Vol.-% ansteigt, so verhält sich ein brennbarer Gegenstand bereits komplett anders – was nichts anderes bedeutet, als dass die zum Entzünden nötige Energie deutlich geringer wird und die Abbrandgeschwindigkeit um ein Vielfaches ansteigt. Überall dort, wo Sauerstoff produktionsbedingt entstehen kann oder für die Produktion benötigt wird (etwa für Schweißvorgänge), ist deshalb darauf zu achten, dass der Sauerstoff nicht in erhöhten Konzentrationen auftritt.

5.4.1 Lagerung von Gasflaschen

Gase sind meist in **Stahlflaschen** gelagert, und diese haben üblicherweise einen Innendruck von ca. 200–300 bar, aktuelle Wasserstoffflaschen sogar von 500 bar (!). Um ein Gefühl zu entwickeln: Ein konventioneller Autoreifen hat einen Druck von vielleicht 2,3 bar. Dieser hohe Flaschendruck allein ist lebensbedrohlich, denn wenn die Flasche umfällt und auf einen harten Gegenstand wie z. B. eine andere Gasflasche trifft, dann kann sie wie Glas zerspringen. Schwere Metallteile vom Stahlmantel schießen dann wie Geschosse durch die Gegend und gefährden Menschenleben – auch weiter entfernt! Hier ist also primär nicht die Brand- und Explosionsgefahr zu beachten, sondern der Arbeitsschutz. Sollten die Stahlflaschen Schutzkappen oder Bügel vor den Ventilen haben, ist die Gefahr zwar geringer; trotzdem ist es von größter Bedeutung, dass Gasflaschen nicht fahrlässig umfallen können. Sie müssen liegen (Ausnahme z. B. Acetylenflaschen müssen stehend gelagert werden) oder ausreichend befestigt sein.

Der ideale **Lagerplatz** für Gasflaschen ist nicht in Räumen, sondern **im Freien**, mit ausreichend sicherem Abstand zu Gebäuden (ggf. mit einer stabilen Wand oder einem aufgeschütteten Hügel dazwischen, vgl. Abbildung 14). Sonnenstrahlen, Regen oder Schnee fügen den Flaschen keinen Schaden zu. Die Gasflaschen sind durch Festketten oder Aufstellen in dafür geeigneten

Abb. 14: Unsichere Lagerung von Gasflaschen zu nah am Gebäude [Friedl]

Ständern gegen Umfallen zu schützen. Sofern das Firmengelände hügelig ist, muss man zusätzlich darauf achten, ob die dort gelagerten Gase schwerer oder leichter als Luft sind, denn schwere Gase sammeln sich in Mulden und können dort vom Wind kaum weggeblasen werden. Die üblichen brennbare Gase, die leichter sind als Luft, sind Wasserstoff (H_2), Methan (CH_4) und Acetylen (C_2H_2). Die brennbaren Gase, die ungefähr so schwer wie Luft sind, sind Kohlenmonoxid (CO) und Ethan (C_2H_6) und die brennbaren Gase Propan (C_3H_8) und Butan (C_4H_{10}), meist gemischt in Gaskartuschen oder auch separiert in Gasflaschen. Propan und Butan sind beide deutlich schwerer als Luft, Propan um ca. 50 %, Butan um ca. 100 %. Durch **Elektrostatik** an der Kleidung, Rauchen, Fahrzeuge oder Elektrogeräte können die ausgetretenen Gase dann entzündet werden. Werden diese Gasdruckbehälter zu heiß, beispielsweise durch einen angrenzenden Brand, können sie aufgrund des Innendrucks zerreißen und anschließend eine gewaltige Explosion erzeugen.

Von großer brandschutztechnischer Bedeutung ist weiterhin, dass der Lager- bzw. Gefahrenbereich nicht anderweitig genutzt wird, also für die Produktion oder etwa zur Lagerung von brennbaren Flüssigkeiten, Feststoffen oder Abfall.

5.4.2 Brand- und Explosionsschutzmaßnahmen

Allein das Beseitigen von nicht mehr benötigten brennbaren Flüssigkeiten und Gasen oder deren sinnvolle Minimierung ist eine nicht zu unterschätzende Schutzmaßnahme. Zum **Löschen** von brennbaren Gasen ist meist nur das Löschmittel **ABC-Pulver** geeignet, unter bestimmten Voraussetzungen auch das Löschgas Kohlendioxid (siehe Kapitel 7.3.1). Allerdings sei gesagt, dass Gasbrände immer eine besondere Personengefährdung bedeuten und man bei einem gelöschten Brand eventuell noch weiter austretendes, brennbares Gas im Gefahrenbereich hat. Wenn sich dieses entzündet, kann es zu einer erneuten Explosion kommen. Deshalb sollte man im Zweifelsfall bei einem Gasbrand nicht versuchen zu löschen, bevor der Gashahn bzw. die Austrittstelle geschlossen wurde. Sollte dies nicht möglich sein, ist der Gefahrenbereich zügig zu verlassen (und auch andere informieren bzw. zum Verlassen auffordern) und das Löschen und Schließen des Gashahnes den hierzu ausgerüsteten Feuerwehrleuten zu überlassen.

Wenn es bei den nahestehenden Gebäuden etwa Treppen zum Kellergeschoss oder Fensterschächte gibt, besteht die Gefahr, dass austretende Gase sich dort über Monate oder Jahre ansammeln und irgendwann gezündet werden. Abhilfe schafft neben der Verlagerung der Gase oder der Verlegung der Kellertür die Installation einer permanent aktiven **Absauganlage** (und zwar am Boden und an der Decke absaugen, nicht lediglich Frischluft einblasen!) oder die

Installation von geeigneten Gas-Detektoren. Man kann auch in den gefährdeten Bereichen geeignete **Sensoren** anbringen, die beim Erreichen von 30 oder 50 % der unteren Explosionsgrenze optisch und akustisch Alarm geben und ggf. eine explosionsgeschützte Entlüftungsanlage anfahren lassen.

Das bedeutet aber auch, dass man exakt wissen muss, welche Gase man lagert. Denn beispielsweise gibt es **Gassensoren** für Kohlenmonoxid (CO) und auch solche für Kohlendioxid (CO_2) – es gibt aber keinen Melder für beide Gasarten in einem Gehäuse. Denn Kohlenmonoxid ist unwesentlich leichter als Luft und deshalb sind diese Sensoren eher in Brusthöhe und höher angebracht, während Kohlendioxid um ca. 50 % schwerer als Luft ist und demzufolge die Sensoren möglichst am tiefsten Punkt platziert werden. Achtung, wenn es in Kantinen kohlensäurehaltige Getränke aus Zapfhähnen gibt, so sind meist im Keller Kohlenstoffdioxid-Flaschen vorhanden. Dort muss man a) Warndetektoren anbringen, welche dann b) sowohl vor Ort als auch in der Etage oberhalb Alarm geben. Wichtig ist, jetzt im Alarmfall richtig zu reagieren – und falsch wäre es, dass Personen nachsehen, ob etwas nicht in Ordnung ist (das endet nicht selten tödlich). Richtig ist, die Feuerwehr zu rufen und den Kellerbereich zu meiden.

Brandrauchmelder sind an der Raumdecke zu platzieren. CO-Warnanlagen sind in einigen Bauordnungen für Großgaragen gefordert, ebenso CO_2-Sensoren beispielsweise in der Technischen Regel für die Gasflaschen in der Gastronomie TRG 280 (auch wenn diese vor vielen Jahren zurückgezogen wurde, ist der Inhalt deshalb nicht falsch, sondern kann weiterhin als Erkenntnisgrundlage herangezogen werden). Hier wird mit CO_2 im Getränk Kohlensäure (H_2CO_3) und zugleich auch der nötige Druck erzeugt, um das Getränk aus dem Zapfhahn zu bekommen. Da diese Gasflaschen (wie übrigens auch die Löschflaschen von CO_2-Löschanlagen) oft in unterirdischen Bereichen gelagert sind, müssen dort aus Gründen des Personenschutzes (nicht des Brandschutzes) entsprechende Melder platziert werden: CO-Melder sind in ca. 150 cm Höhe angebracht (wo sich bei stehenden Menschen die Nase befindet, über die das Gas eingenommen wird); CO_2-Melder dagegen sind immer in Bodenhöhe montiert.

Folgende vorsorglichen Brand- und Explosionsschutzmaßnahmen sollte bzw. muss man im Bereich der Gasflaschenlagerung **mindestens** umsetzen:

- Den Lagerplatz der Gefahrstoffe unbedingt in den **Feuerwehreinsatzplan** eintragen.
- Der ideale Lagerplatz für Gasflaschen ist nicht in Räumen, sondern im Freien, mit einem ausreichend sicheren Abstand zu Gebäuden. Der Lagerplatz ist zu **umzäunen**, der Zutritt ist nur **berechtigten** Personen zu gestatten.

- Mögliche Gefahren (Schadenfeuer, Explosion) und Verbote (offenes Feuer, Rauchen, Zutrittsverbote) **ausschildern** und bestimmte **Handlungsanweisungen** anbringen.
- Werden Gasflaschen in Gebäuden gelagert, so ist das unter strengen **Auflagen** erlaubt. Oft ist eine Verbindungstür nach innen verboten (nachzulesen in der TRG 400, wonach diese Räume von außen zu betreten sein müssen), man braucht explosionsgeschützte Beleuchtung und eine ebensolche Stromanlage (Geräte, Steckdosen, Schalter), Gassensoren und eine ständig wirksame Be- und Entlüftung.
- Gasflaschen können auch in speziellen **Lagerschränken** für Gasflaschen (nach DIN EN 14470–2 in sog. G 90-Sicherheitsschränken für Druckgasflaschen) sicher gelagert werden.

5.5 Brennbare Flüssigkeiten

Brennbare Flüssigkeiten können sich anders als brennbare Gase verhalten. Deshalb sehen die Technischen Regeln hier auch andere Schutzmaßnahmen vor. Grundlegend muss man wissen, dass nicht die Flüssigkeiten brennen, sondern immer lediglich die von ihnen erzeugen **Dämpfe**. Je geringer die Temperatur der Flüssigkeit und an der Oberfläche ist, umso weniger Dämpfe werden erzeugt. So kann z.B. Benzin bei Temperaturen von ca. unter -20 °C nicht ausreichend viele brennbare Dämpfe erzeugen, d.h. es kommt nicht zu einem Brand. Da die Temperaturen aber an allen Arbeitsplätzen höher sind, ist Benzin-Dampf immer gefährlich und mit zunehmender Temperatur umso mehr; am größten ist sie bei ca. 50 °C. Gleiches gilt für Alkohol und Spiritus.

5.5.1 Lagerung von brennbaren Flüssigkeiten

Brennbare Flüssigkeiten werden ein- und ausgelagert (also innerbetrieblich zweimal transportiert), gelagert sowie be- oder verarbeitet. Bei allen vier Vorgängen kann es zu gesundheitlichen und brandschutztechnischen Problemen kommen; hier muss daher ein Brandschutzbeauftragter präventiv aktiv werden. Brennbare Flüssigkeiten werden nach den Empfehlungen der Technischen Regeln üblicherweise nicht – wie die Gase – im Freien gelagert, sondern in eigens dafür vorgesehenen **Lagerbereichen**. „Eigens dafür vorgesehen“ bedeutet, dass diese Bereiche feuerbeständig abgetrennt sind und dass keinerlei andere Aktivitäten dort stattfinden, weder Produktion noch Lagerung von Gegenständen. War früher in den Technischen Regeln für brennbare Flüssigkeiten (TRbF und noch früher die VbF) der Anwendungsbereich auf Mengen ab 500 l bezogen, so nimmt man heute Bezug auf die Gefährdungsbeurteilung – was nichts anderes heißt, als dass auch Mengen von 2 l oder weniger bereits hochgefährlich sein können (nicht müssen).

Heute kann man sich in der **TRGS 510** und in der **DGUV Vorschrift 1** Informationen holen, wie man mit brennbaren Flüssigkeiten im Lagerbereich und auch bei deren Be- und Verarbeitung umzugehen hat. Auch bieten einige Feuerversicherer zusätzliche Sicherheitsinformationen an. Hersteller bzw. Lieferanten der Flüssigkeiten haben in der Regel Sicherheitsdatenblätter und pauschale Gefährdungsbeurteilungen mit konkreten Sicherheitshinweisen vorrätig. Grundsätzlich immer richtig ist es, wenn man brennbare Flüssigkeiten wie z. B. Maschinenöle in eigenen (also nicht andersartig genutzten) Räumen lagert und die dort tätigen Personen über das richtige Verhalten im Normal- und Brandfall informiert. Zudem müssen diese Personen wissen, wie man im Falle eines Flüssigkeitsaustritts reagiert, um die Gefahr richtig zu beseitigen. Auch hier gilt, wie bei den Gaslagern, dass die betroffenen Bereiche, das korrekte Verhalten und die möglichen Gefahren entsprechend auszuschildern sind. Bei der **Beschilderung** wählt man eher Piktogramme als Texte, denn diese sind international gültig und allgemeinverständlich, auch wenn man die Sprache des Landes nicht versteht. Zutritt zu den Räumen sollten nur Arbeiter haben, die sich mit den sicherheitstechnischen Vorgaben auskennen.

Die Lagerung brennbarer Flüssigkeiten (nicht das übliche Bereitstellen) am **Arbeitsplatz** ist nur dann erlaubt, wenn diese in eigenen, feuerbeständigen und möglichst auch belüfteten Schränken stattfindet. Einen solchen **Lagerschrank** zeigt die nachfolgende Abbildung. Diese mit selbstschließenden Türen versehenen Gefahrstoffschränke dürfen ein maximales Volumen von 1 m^3 haben und müssen über selbstschließende Türen verfügen. Ansonsten ist das Lagern der Flüssigkeiten in Arbeitsräumen, in Fluren, in Dachstühlen, im Keller, im Treppenraum oder in einem Durchgang zu einem rückseitig liegenden Gebäude grundsätzlich verboten. Das Lagern im Keller kann jedoch erlaubt sein, wenn dort (u. a.) eine effektive Belüftung (ggf. notstromversorgt, aber permanent wirksam) vorhanden ist. Die aktuelle TRGS 510 erlaubt es mittlerweile – anders als früher –, beliebig viele F-90-Schränke in einem Brandabschnitt aufzustellen.

Die Berufsgenossenschaften fordern aus Gründen des Personenschutzes, dass an den jeweiligen Arbeitsplätzen nur die **Menge** bereitgehalten wird, die für den Fortgang der Arbeit nötig ist (das ist also keine absolute, sondern eine relative Menge und variiert von Arbeitsplatz zu Arbeitsplatz), maximal jedoch die Menge, die in einer Schicht benötigt wird. Wenn ein Unternehmen also dreischichtig arbeitet, ist die maximale Menge, die man je Arbeitsplatz bereithalten darf, exakt 1/3 des Tagesbedarfs.

Abb. 15: Lagerschrank für die Aufbewahrung von brennbaren Flüssigkeiten und Gasen [Friedl]

5.5.2 Brand- und Explosionsschutzmaßnahmen

Auch für brennbare Flüssigkeiten braucht man „geeignete" Handfeuerlöscher. Geeignet ist primär das Löschmittel **Schaum**. Schaum-Handfeuerlöscher können die Brandklassen A und B abdecken und sind somit für brennbare feste Stoffe ebenso geeignet wie für brennbare Flüssigkeiten. Bei Schaum ist zu beachten, dass das fluorhaltige Löschmittel voraussichtlich ab 2024 (Mutmaßung) nicht mehr erlaubt sein wird – es gibt bereits fluorfreie Schäume und diese sind anzuschaffen. Achtung, bitte lassen Sie sich heute keine fluorhaltigen Löschschäume mehr verkaufen, denn diese werden in naher Zukunft kostspielig entsorgt müssen! Ansonsten muss man auf Kohlenstoffdioxid oder ABC-Pulverlöscher (Achtung, ggf. zusätzlicher Schaden durch das korrosive Löschmittel) zurückgreifen. Auch das Löschmittel **ABC-Pulver** deckt brennbare Flüssigkeiten ab und löscht sehr gut; allerdings ist zu beachten, dass die Löschmittel-Folgeschäden bei ABC-Pulver oftmals den eigentlichen Feuerschaden übersteigen und deshalb von den Versicherungen im Rahmen der Schadenbegleichung oft als „unverhältnismäßig" eingestuft werden. Das kann bedeuten, dass die zuständige Feuerversicherung den Schaden nur anteilmäßig und nicht komplett begleicht und die zuständige Versicherung für die Betriebsunterbrechung ggf. ebenfalls Probleme bei der Regulierung von „vermeidbaren" Betriebsunterbrechungen machen wird. Als „vermeidbar" wird eine Betriebsunterbrechung eingestuft, wenn die Betriebsunterbrechung allein durch das Löschmittel entstanden ist und es z. B. bei dem Einsatz eines Schaumlöschers nicht zu der Unterbrechung gekommen wäre.

Bei der auch hier nötigen **Gefährdungsbeurteilung** wird unterschieden, ob die Flüssigkeiten in einem Bereich lediglich gelagert, oder ob sie dort auch umgefüllt werden. Bei reiner Lagerung ist mit dem Austreten von brennbaren und damit explosiven Dämpfen nur selten zu rechnen – insbesondere, wenn in nichtzerbrechlichen Behältern gelagert wird (was die Technischen Regeln ohnehin stark einschränken). Wie bereits angesprochen, erfolgt die Einteilung der Bereiche in Explosionsschutz-Zonen (EX-Zonen):

- **EX-Zone 2:** bei der reinen **Lagerung** der Flüssigkeiten,
- **EX-Zone 1:** im Bereich des **Umfüllens** (ist der Lager- und Umfüllraum sehr klein, wird meist der gesamte Raum so eingestuft).

Dass in beiden Zonen Rauchen nicht erlaubt ist, versteht sich von selbst. In der EX-Zone 1 werden eine explosionsgeschützte Stromanlage (Verteilerdosen, Schalter, Steckdosen) und ebensolche Gerätschaften installiert. Da die Dämpfe brennbarer Flüssigkeiten schwerer als Luft sind, installiert man geeignete **Sensoren** in Bodennähe und verfügt über eine ständig wirksame **Absauganlage**, die ebenfalls die Aufnahmeöffnung in Bodennähe hat. Die Ausbringöffnung muss an sicherer Stelle im Freien liegen. Das bedeutet, dass sich dort keine Zündquellen befinden dürfen und dass die dort austretenden Dämpfe nicht wieder (z. B. über Kellerschächte) ins Gebäude gelangen dürfen oder Personen oder Sachwerte gefährden können.

5

5.6 Kontrollfragen

Zur Überprüfung des in diesem Kapitel vermittelten Fachwissens folgen fünf Fragen zum Thema „Brand- und Explosionsgefahren“. Mehrfachnennungen können möglich sein. Am Ende des Buchs sind die entsprechenden Lösungen abgedruckt.

Kontrollfragen

1. Von welcher dieser brennbaren Flüssigkeiten geht die größte Brandgefahr aus?

a) Dieseltreibstoff bei unter 0 °C und unter Unterdruck.
b) Reinigungsbenzin bei 50 °C.
c) Spiritus-Wasser-Gemisch.
d) Alkohol bei –25 °C.
e) Brennbare Flüssigkeiten sind immer identisch in der Brand- und Explosionsgefahr.
f) Schweres Heizöl bei 21 °C.

▷

Kontrollfragen (Fortsetzung)

2. **Was wissen Sie über sog. „feuergefährliche Arbeiten"?**
   a) Diese sind in Unternehmen verboten, solange es keine schriftliche Erlaubnis vom Versicherer gibt.
   b) Sie dürfen durchgeführt werden, wenn bestimmte sicherheitstechnische Maßnahmen vor, während und nach den Arbeiten vorgenommen werden (DGUV Information 205-002).
   c) Man braucht immer einen Erlaubnisschein.
   d) Man braucht immer dann einen Erlaubnisschein, wenn dadurch möglicherweise eine Brand- und/oder Explosionsgefahr besteht.
   e) Dieser Schein gilt nur für Fremdhandwerker/-innen.
   f) Im Freien kann es nicht brennen.

3. **Welche Mengen an brennbaren Stoffen sind am Arbeitsplatz erlaubt?**
   a) 1 l je Arbeitsplatz.
   b) Maximal 5 l in zerbrechlichen und bis zu 50 l in nichtzerbrechlichen Behältern.
   c) 50 l.
   d) 10 % der Raumfläche in l.
   e) So viel, wie es der Fortbestand der Arbeit erforderlich macht, maximal jedoch die Menge einer Schicht.
   f) So viel, wie es der Fortbestand der Arbeit erforderlich macht, maximal jedoch die Menge eines Arbeitstags.

4. **Wie ist der Explosionsschutz grundlegend aufgebaut?**
   a) Primärer EX-Schutz (Vermeidung von zündfähigen Atmosphären), sekundärer EX-Schutz (Vermeidung der Zündung einer gebildeten EX-fähigen Atmosphäre) und tertiärer EX-Schutz (Ableiten der Explosion in eine für Menschen nicht gefährliche Richtung).
   b) Es gibt nur Brandschutz, nicht auch Explosionsschutz.
   c) Vorbeugender EX-Schutz (Vermeiden von Sprengstoff) und abwehrender EX-Schutz (Vermeiden von offenen Flammen zur Zündung).
   d) Primärer, sekundärer, tertiärer und quartiärer Explosionsschutz.
   e) EX-Schutz für Gase, Dämpfe und Nebel und EX-Schutz für Stäube.

5. **Was sind mögliche Selbstentzündungsursachen?**
   a) Sauber gewaschene Handtücher, die mit Seife zusammen gelagert sind.
   b) Feuchtes, eingelagertes Heu in der Landwirtschaft.
   c) Glasreste im Glascontainer, wenn sie mit Resten von Metallen in Berührung kommen.
   d) Ölgetränkte Lappen.
   e) Entleerte Batterien mit nicht abgeklebten Polen in Abfallbehältern.
   f) Bestimmte Chemikalien, zusammen unachtsam entsorgt.

6 Baulicher Brandschutz

Prüfungsrelevanz

Das Thema **baulicher Brandschutz** ist für Brandschutzbeauftragte von großer Relevanz, weil sie ja baurechtliche Vorgaben mit den betrieblichen Aktivitäten abgleichen müssen. Die wichtigsten Inhalte der Baugesetzgebung müssen den Brandschutzbeauftragten daher bekannt sein. Zudem fällt dem baulichen Brandschutz in der Praxis große Bedeutung zu.

Für den baulichen Brandschutz besonders relevant sind die Regelungen in den jeweiligen **Landesbauordnungen** (LBO). Die wichtigsten Inhalte müssen den Vorgesetzten und damit den für die Gebäude verantwortlichen Personen vermittelt werden, denn diese tragen die Verantwortung (nicht der Brandschutzbeauftragte). So muss man die in einem Gebäude installierte Gebäudetechnik regelmäßig warten lassen, um sie auf dem Stand der Technik zu halten. Bei baulichen Veränderungen werden meist neue Strom- und Datenleitungen gelegt, oder es sind zusätzliche Lüftungsleitungen nötig – all das tangiert den Brandschutz. Deshalb ist der Brandschutzbeauftragte gefordert, die Vorgaben der Landesbauordnung zu kennen und effektive, gesetzeskonforme Lösungswege aufzuzeigen, ggf. (aus wirtschaftlichen oder verfahrenstechnischen Gründen) auch Alternativen zu erarbeiten.

Gebäude kosten in der Errichtung viel Geld, das üblicherweise auf einmal ausgegeben werden muss. Doch der Erhalt (Heizen, Renovieren, sauber halten, Reparatur, usw.) macht über eine Zeitspanne von 30 Jahren bei gewerblich genutzten Gebäuden über 90 % aus, während die Baukosten lediglich mit 10 % zu Buche schlagen. Das bedeutet für den Brandschutzbeauftragten, seinen Arbeitgeber objektiv, fair und gut zu beraten hinsichtlich:

- **Auslegung der Brandmeldetechnik,**
- **Installation der Brandlöschtechnik,**
- **möglicherweise abweichende, zukünftige Nutzungen,**
- **Gebäudeisolation bzw. -dämmung,**
- **Breite von Fluchtwegen und die Ausbildung der Ausgänge,**
- **Anbringung von Photovoltaikanlagen.**

Dabei ist zu berücksichtigen, dass Umnutzungen grundsätzlich üblich und möglich sein müssen. Deshalb sollte man sich beim **Planen eines Gebäudes** bereits Gedanken machen, wie man Bereiche ggf. umnutzen, wie man Wände versetzen oder wo man zusätzliche Ausgänge schaffen kann. So ist beispielsweise die Breite von Ausgängen von 120 cm für 200 Personen als ausreichend anzusehen. Wenn man eine Kantine im Erdgeschoss plant, in der auch Betriebsversammlungen abgehalten werden sollen, dann empfiehlt es sich, die Ausgänge direkt ins Freie zu planen (dann braucht man keine anderen abzusichernden Ausgänge, Flure oder gar Treppenräume).

Fenster sind zu Fenstertüren mit der lichten Breite von 120 cm oder mehr zu gestalten; die **Türen** müssen in Fluchtrichtung (also nach außen) aufschlagen. Zwei solcher Türen wären demnach schon zur Entfluchtung für 400 Personen zugelassen. Werden oberhalb der Türen notstromversorgte Fluchtwegpiktogramme platziert, so kann (nicht muss) das bereits als ausreichende Fluchtwegbeleuchtung für Abendveranstaltungen angesehen werden. Wenn man jedoch die Kantine in der obersten Etage des Verwaltungsbaus plant, dann wird es wohl deutlich schwieriger und damit auch deutlich teurer, dort oben den ersten und den zweiten Fluchtweg gesetzeskonform umzusetzen.

Für Löschanlagen gibt es vier Klassen, die der jeweiligen Brandlast entsprechen. Eine leicht überdimensionierte Sprinkleranlage kostet zwar ein wenig mehr, macht aber flexibler – eine Nachrüstung einer unterdimensionierten Sprinkleranlage zu einem späteren Zeitpunkt in eine höhere Klasse ist oft nicht mehr oder nur mit einem totalen Austausch der Anlage möglich.

Mit der zunehmenden Leistungsfähigkeit von Datenverarbeitungsanlagen wächst auch der Temperaturanstieg der Prozessoren und damit der Bedarf an Kühlung. Darum müssen TGA-Ingenieure hier möglichst solide Vorgaben machen, welche Stellflächen nötig sind, welche Rohrleitungen eventuell nötig sind und damit einhergehend, wie hoch die Decken sein müssen. Zu berücksichtigen ist auch, dass in niedrigen Kellergeschossen oftmals unter den Decken **Lüftungsleitungen** und größere Mengen an Strom- und Datenleitungen zu verlegen sind. Wenn die Lüftungsleitungen z. B. 600 cm^2 lichten Querschnitt benötigen, kann man das in Abmessungen von 20 cm zu 30 cm machen – d. h. die Decke wird an den Stellen, wo die Leitungen verlegt werden, um etwas mehr als 20 cm tiefer. Geht das jedoch nicht, kann man den Querschnitt aus strömungsmechanischen Gründen (Luftwiderstand) nicht beliebig verändern, also etwa 1,20 cm breit und dafür lediglich 5 cm hoch; das ist insbesondere in den Untergeschossen zu beachten.

6.1 Bauordnungen und Gebäudenutzungen

Bauordnungsrecht fällt in die Gesetzgebungskompetenz der **Bundesländer**. Daher haben alle 16 Bundesländer ihre eigene **(Landes)bauordnung** (LBO) erlassen. Somit gibt es für jede Gebäudeart in den 16 Bundesländern auch 16 eigene Bauvorgaben. Entgegen der Bezeichnung Bau*ordnung* handelt es sich aber um baurechtliche Landes*gesetze*. Daneben gibt es die Europanorm für den baulichen Brandschutz (**DIN EN 13501**) und die deutsche Norm (**DIN 4102**), die das Brandverhalten von Baustoffen und Bauteilen regeln. Für den Brandschutzbeauftragten ist die Kenntnis der jeweiligen Bauordnung deshalb von großer Relevanz, weil er für die Gebäude einen IST-SOLL-Abgleich durchführen muss und auch Fragen hinsichtlich der baurechtlichen Mindestanforderungen an Türen, Wände oder Fluchtwege nur dann beantworten kann, wenn er die Regelungen in der jeweiligen Bauordnung kennt.

Alle Bundesländer haben mindestens die folgenden, ggf. etwas abweichend bezeichneten Regelungswerke:

- **LBO** – Landesbauordnung,
- **VersStättV** – Versammlungsstättenverordnung,
- **GastV** – Gaststättenverordnung,
- **BStättV** – Beherbergungsstättenverordnung,
- **GaStellV** – Garagen- und Stellplatzbauverordnung,
- **IndBauRL** – Industriebaurichtlinie,
- **VStättV** – Verkaufsstättenverordnung,
- **HH-RL** – Hochhausbaurichtlinie.

6.1.1 Bauliche Anlage

Die Bauordnungen gelten für **bauliche Anlagen**. Bauliche Anlagen sind unmittelbar mit dem Erdboden fest verbundene, aus Bauprodukten hergestellte Anlagen (auch Windräder, Brücken und natürlich immer Gebäude). Die jeweilige Bauordnung gibt vor, welche Aktivitäten in einem Gebäude erlaubt sind; das bedeutet im Umkehrschluss, dass andere Aktivitäten dort ohne zusätzliche Genehmigung nicht stattfinden dürfen (etwa Betriebsversammlungen für mehr als 200 Personen in der Kantine oder in der Produktionshalle). Das ist, um nach Bränden vollen Versicherungsschutz zu genießen, von besonderer Bedeutung. Viele Gebäude sind sogenannte Mischgebäude, d.h. hier gelten verschiedene Bauvorgaben; diese unterschiedlichen Bereiche sind üblicherweise feuerbeständig untereinander abgetrennt.

Der Brandschutzbeauftragte muss wissen, dass die bei der Errichtung gültigen Vorgaben der jeweiligen Bauordnungen mindestens einzuhalten sind. Bei einer Verschärfung des Baurechts muss ggf. nachgerüstet werden, und zwar immer nach Umbauarbeiten oder wenn eine Situation als konkret gefährlich eingestuft wird. Für Dinge wie Heimrauchmelder oder auch organisatorische Punkte gibt es keinen Bestandsschutz – hier muss nachgerüstet werden, auch ohne das Vorliegen einer konkreten Gefahr.

6.1.2 Sonderbau

Besondere, weitergehende brandschutztechnische Anforderungen gelten für sogenannte Sonderbauten. Dies sind Gebäude, von denen in der Regel ein **erhöhtes Gefahrenpotenzial** ausgeht. An solche Gebäude werden dann besondere, weitergehende brandschutztechnische Anforderungen gestellt (vgl. Abbildung 16). Diese besonderen Auflagen können Sprinklerschutz, eine Einschränkung der maximalen Personenzahl, bauliche Fluchtwege, eine effektive Entrauchungsanlage, Notstrombeleuchtung, Mindestfluchtwegbreiten usw. sein. Die meisten Landesbauordnungen stufen die nachfolgend aufgelisteten Gebäude als Sonderbauten ein:

■ Krankenhäuser ■ Sportstätten ■ Gebetshäuser ■ Messen ■ Gebäude > 1.600 m²/Ebene (Rheinland-Pfalz: > 2.400 m²) ■ Fliegende Bauten (Volksfest) ■ Bauliche Anlagen höher als 30 m ■ Ausstellungsräume ■ Hochhäuser (> 22 m) ■ Hochregallager (> 7,5 m Lagerhöhe je Ebene) ■ Versammlungsstätten ■ Entbindungsheime ■ Gefängnisse	■ Altenheime ■ Schulen, Universitäten ■ Verkaufsstätten ■ Campingplätze ■ Pflegeheime ■ Kindergärten, Kinderkrippen, KiTas ■ Gaststätten ■ Gebäude/technische Anlagen lt. Immissionsschutzverordnung ■ Großgaragen (> 1.000 m²) ■ Gebäude mit: • erhöhten Brandgefahren • Explosionsgefahren • erhöhten Gesundheitsgefahren • erhöhten Verkehrsgefahren

Tab. 9: Einteilung von Gebäuden als Sonderbauten

Sonderbauten werden weiter in **geregelte** und **ungeregelte** Sonderbauten unterteilt. Dies richtet sich danach, ob für den Sonderbau eine separate Sonderbauvorschrift erlassen wurde. Da das Bauordnungsrecht Ländersache ist, kann die entsprechende Einstufung eines Gebäudes von Bundesland zu Bundesland unterschiedlich sein. So kann eine Gaststätte in einem Bundesland als geregelter Sonderbau einzustufen sein (da es die GastV gibt, gilt das Gebäude als geregelt) und in anderen Bundesländern als ungeregelter Sonderbau; so wie das auch mit Krankenhäusern zu sehen ist, die mittlerweile – nachdem NRW die Krankenhaus-Bauordnung nach 20-jähriger Gültigkeit zurückgezogen hat –

Abb. 16: Bei Gebäuden im Bestand muss es ebenfalls einen zweiten Rettungsweg geben, beispielsweise durch nachträglich angebrachte Fluchtleitern [Friedl]

in allen 16 Bundesländern wieder als „ungeregelt" eingestuft werden. Die Praxis zeigt leider, dass Brandschutzbehörden für privat geführte Krankenhäuser nicht selten höhere Anforderungen an den Brandschutz stellen als für solche, die von Gemeinden oder Kommunen betrieben werden.

6.1.3 Gebäudeklassen

Die deutschen Bauordnungen kennen **Gebäudeklassen (GK)**, diese reichen meist von 1 bis 5. Mit größer werdender Zahl wird auch das Gebäude größer und damit brandschutztechnisch anspruchsvoller.

Je nach Gebäudeklasse gibt es unterschiedliche brandschutztechnische **Anforderungen**; durch einen Ausbau eines Dachstuhls oder einer zusätzlich eingerichteten Nutzungseinheit (oder Aufteilen einer Nutzungseinheit auf zwei) kann es passieren, dass ein Gebäude eine oder sogar mehrere GK höher eingestuft wird – und dann müssen deutlich höhere Brandschutzauflagen umgesetzt werden. Baurechtlich nicht genehmigte bauliche Veränderungen können somit zum Verlust des Versicherungsschutzes führen (privat wie beruflich). Die Einteilung der Gebäudeklassen zeigt die nachfolgende Tabelle.

Eine Sache aus den Bauordnungen für Garagen ist für alle Brandschutzbeauftragten interessant: Dort finden sich Vorgaben zu den zulässigen **Lagermen-**

Gebäudeklasse	GK 1	GK 2	GK 3	GK 4	GK 5
Bodenhöhe der obersten Nutzungseinheit mit Aufenthaltsraum	≤ 7 m	≤ 7 m	≤ 7 m	≤ 13 m	≤ 22 m
Σ Nutzungseinheiten	≤ 2	≤ 2	egal	egal	egal
Freistehend?	ja	egal	egal	egal	egal
Größe/Nutzungseinheit	≤ 400 m² insgesamt	≤ 400 m² insgesamt	egal	≤ 400 m² je Nutzungseinheit	Egal

Tab. 10: Einteilung der Gebäudeklassen

gen. In Garagen bis 100 m² ist die Lagerung von maximal 200 l Diesel und 20 l Benzin (in der Bauordnung steht „und“, nicht „oder“) in dichten, verschlossenen, nicht zerbrechlichen Behältern außerhalb von Fahrzeugen erlaubt. In größeren Garagen – und die hat man in der Regel in Unternehmen – ist die Lagerung jedweder Gegenstände außerhalb von Fahrzeugen lediglich in „unerheblichen“ Mengen erlaubt. Hier darf der Brandschutzbeauftragte nicht die absoluten Zahlen als gegeben hinnehmen, sondern er muss diese werten (vgl. Gefährdungsbeurteilung). Denn auch scheinbar geringe Mengen eines Stoffes können großen Schaden anrichten. Beispielsweise erzeugt eine Malerfolie mit 800 Gramm Gewicht im Brandfall in der Garage so viel Rauchgas, dass alle dort abgestellten Fahrzeuge erheblichen Schaden erleiden. Auch kann der Brand eines E-Rollers oder eines E-Bikes alle Autos in der Garage zerstörend kontaminieren – eine Versicherung könnte hier auf Leistungsfreiheit wegen Verstoßes gegen die Gesetzgebung (nicht erlaubte Nutzung) verweisen.

6.1.4 Weitere Bauvorgaben

Den Bauordnungen nachgeordnet sind weitere Bauvorgaben wie z. B. die **Feuerungsverordnung (FeuV)**, die für Heizungsräume (meist ab 50 kW Heizleistung) zutreffend ist. Hier muss der Brandschutzbeauftragte wissen, dass diese Räume absolut frei zu halten sind – was sie jedoch häufig nicht sind, denn die betriebliche Praxis zeigt, dass die bei älteren Gebäuden durch den Austausch alter Heizungen gegen moderne und platzsparende Aggregate freiwerdenden Flächen anderweitig zur Lagerung oder Einrichtung von Werkstätten genutzt werden. Damit können bei bestimmten Bränden die Versicherungen die Zahlung (Feuerschaden und Betriebsunterbrechung) verweigern. Der Brandschutzbeauftragte muss also dafür sorgen, dass die Räumlichkeiten, in denen sich Heizungen befinden, auch wirklich freigehalten sind. Anzumerken ist, dass Wärmetauscher (Erdwärme, Fernwärme) nicht unter die Feuerungsverordnung fallen und somit für diese Räumlichkeiten geringere Brandschutzanforderungen gelten.

Zu nennen ist in diesem Zusammenhang noch die **Elektrische Betriebsraumverordnung (EltBauVO)**. Auch die Betriebsräume für elektrische Anlagen sind demnach frei zu halten; von besonderer Bedeutung ist zudem, dass Personen keinen Zugang haben dürfen, die sich dort gefährden können. Wichtig zu wissen ist für den Brandschutzbeauftragten, dass sich Strom- und Datenleitungen selbst entzünden können oder auch von außen derartig erhitzt werden, dass sie zu brennen beginnen. Deshalb stellt die in den Bundesländern eingeführte **Leitungsanlagenrichtlinie (LAR)** hierzu gewisse grundlegende Anforderungen. Beispielsweise sind Leitungen, die in notwendigen Fluren oder in Treppenräumen verlegt werden, einzukoffern, sodass bei deren Entflammung weder Feuer noch Rauch austreten kann (vgl. Abbildung 17).

Sowohl die Bauämter als auch die Feuerversicherer gehen davon aus, dass ein Gebäude so genutzt wird, wie es genehmigt wurde und nicht anders. Alles hiervon Abweichende ist als unerlaubte Nutzung („Schwarzbau") einzustufen – mit allen bereits erläuterten, negativen Folgen (insbesondere nach Bränden).

Abb. 17: In der LBO ist zu finden, ob Wand- und Deckendurchbrüche brandschutztechnisch geschottet werden müssen; in der LAR steht, wie. [Friedl]

6

6.1.5 Brandschutzkonzepte

Lässt sich ein Gebäude aufgrund seiner baulichen Beschaffenheit (Größe, Höhe, Lage, usw.) nicht nach den brandschutztechnischen Vorgaben der Landesbauordnungen realisieren, so ist ein eigenes **Brandschutzkonzept** zu entwerfen. Das Brandschutzkonzept ist dann verbindlicher Bestandteil der Genehmigung eines Gebäudes. Abweichungen von den Bauvorgaben sind kompensiert und somit auch akzeptiert. Bei größeren Neubauarbeiten und auch bei Umbauarbeiten an bestehenden Gebäuden ist man häufig verpflichtet, ein aktuelles Brandschutzkonzept vorzulegen, und zwar nicht nur für den Anbau oder Umbau, sondern für das gesamte Gebäude. Erstellt werden diese von einem Fachplaner.

Vom Brandschutzbeauftragten wird aber erwartet, dass er diese **Konzepte** kennt sowie lesen und **verstehen** kann. Und, ganz wichtig, er muss die vorgegebenen Punkte umsetzen bzw. umsetzen lassen; denn oftmals enthalten die Konzepte Auflagen für das brandschutzgerechte Betreiben eines Gebäudes. So enthält der Gebäudebrandschutz eines Brandschutzkonzepts bauliche, anlagentechnische und oftmals auch organisatorische Vorgaben. Für den Brandschutzbeauftragten relevant sind nun primär die anlagentechnischen Punkte (weil er diese warten lassen muss) sowie die organisatorischen Punkte (weil diese erst nach Aufnahme der Aktivitäten umgesetzt werden können).

6.1.6 Schutzziele der Bauordnungen

Welche **Schutzziele** im Brandschutz verfolgt werden, darüber geben die jeweiligen Landesbauordnungen Auskunft. Dabei handelt es sich bei den nachfolgend aufgeführten Schutzzielen um abstrakte Vorgaben, die auf verschiedenem Wege erreicht werden können. Das ist auch sinnvoll, denn im Brandschutz gibt es – wie im sonstigen Leben auch – oftmals mehrere Lösungswege.

Aus den Schutzzielen aller 16 Landesbauordnungen Deutschlands lässt sich die folgende **Prioritätenliste** ableiten. Es ist Aufgabe des Brandschutzbeauftragten, für jede Nutzungseinheit mit festzulegen, wie diese Ziele zu erreichen sind.

1. **Menschenleben nicht gefährden:** Der Brandschutzbeauftragte muss sich für jeden Bereich, in dem sich Personen aufhalten können, Gedanken machen, ob hier Menschen durch einen Brand gefährdet sein könnten, und wenn ja, wie diese Gefahr zu minimieren oder im Idealfall zu beseitigen ist. Oftmals liegt die Lösung in der Schaffung von zwei möglichst entgegengesetzt liegenden Fluchtwegen.

2. **Brandentstehung vermeiden:** Dieses Schutzziel lässt sich erreichen, indem man möglichst wenig brennbare Gebäudeteile einsetzt, Stromleitungen nicht in Fluchtwegen verlegt und Polystyrol an den Gebäudeaußenwänden oder Bitumen auf Flachdächern vermeidet. Photovoltaikanlagen auf Flachdächern können brandschutztechnisch problematisch werden – sie müssen dem Feuerversicherer gemeldet und regelmäßig gewartet sein, zudem dürfen die Leitungen nicht ungeschützt über Brandwände verlegt werden.
3. **Brand- und Rauchausbreitung vermeiden:** Diese beiden Ziele lassen sich erreichen durch den Einbau von Brandschutztüren und Rauchschutztüren (Achtung, das sind unterschiedliche Türen – eine Brandschutztür ist nicht automatisch auch eine Rauchschutztür!) gut erreichen. Die gelebte – und gefährliche – Praxis in den Unternehmen zeigt jedoch, dass Türen gerne aufgekeilt werden, weil dies zum Passieren bequemer ist. Das ist einer der häufigen Gründe, warum sich Brände ausbreiten! Die beste Lösung sind rauchmeldergesteuerte Türschließanlagen. Dann sind die Türen im Normalbetrieb offen und werden von den Türsystemen nur im Brandfall geschlossen. Ein Aufkeilen erübrigt sich. Zu berücksichtigen ist aber, dass diese Systeme gewartet werden müssen und die Türen außerhalb der Arbeitszeiten geschlossen sein müssen (das fordern die Türhersteller und auch die Feuerversicherer).
4. **Flucht und Rettung der Menschen im Gebäude ermöglichen:** Um die Flucht zu ermöglichen, darf es keine sog. „gefangenen Räume“ geben. Ein Raum gilt dann als gefangen, wenn er keinen direkten Ausgang ins Freie hat oder keinen direkten Eingang in einen freigehaltenen, sogenannten notwendigen Flur oder einen ebensolchen notwendigen Treppenraum aufweist. Die Bauordnungen sehen auch vor, dass es für jede Nutzungseinheit mit Aufenthaltsbereich zwei voneinander unabhängige Flucht- bzw. Rettungswege geben muss. Voneinander unabhängig bedeutet, dass ein Feuer nicht beide Fluchtwege beeinflussen kann.
5. **Feuerwehreinsatz ermöglichen:** Um einen effektiven Feuerwehreinsatz zu erreichen, muss es überhaupt eine geeignete Feuerwehr geben – von der Personenanzahl ebenso wie vom technischen Equipment aus betrachtet. Bei großen Unternehmen, die besonders brand- oder explosionsgefährdet sind, wird oft von Behördenseite vor Aufnahme des Betriebs angeordnet, dass eine nach Landesrecht zugelassene Werkfeuerwehr errichtet wird (in Bayern z. B. gemäß Art. 15 Abs. 2 BayFwG). Diese Anordnung enthält genaue Vorgaben hinsichtlich der personellen und technischen Ausstattung; die Ausbildung der Feuerwehrleute entspricht exakt der von den Berufsfeuerwehren. Unter den ständig einsatzbereiten Werkfeuer-

wehren sind die Betriebsfeuerwehren oder auch Löschtrupps anzusiedeln, die ausschließlich während der Arbeitszeit einsatzbereit sind.

6. **Rettung von Tieren ermöglichen:** Die Bauordnungen sprechen dem Tierschutz eine hohe Bedeutung zu, d.h. besonders Unternehmen, in denen vermehrt Tiere zum Einsatz kommen (Bauernhöfe, Versuchsanstalten, Tierparks, Zoos), müssen sich in den Gefährdungsbeurteilungen Gedanken machen, wie man im Brandfall realistisch die Tiere retten kann. Es werden also beispielsweise Rauchmelder installiert, die bei nahewohnenden Personen Alarm auslösen, damit baldmöglichst interveniert werden kann.

Weitere Ziele im Brandschutz sind gesetzlich nicht geregelt, aber meist von den Unternehmern gewünscht:

- **Sachschäden in Gebäuden vermeiden,**
- **Gebäudebeschädigungen vermeiden,**
- **Betriebsunterbrechungen vermeiden/minimieren,**
- **für Redundanzen sorgen** – damit es durch ein Feuer nicht zu einer Unterbrechung kommt.

Um diese Ziele möglichst effektiv zu erreichen, empfiehlt es sich, die entsprechenden baulichen, anlagentechnischen und organisatorischen Maßnahmen in einem Gremium zu beschließen. Dieses Gremium ist im Idealfall interdisziplinär besetzt, z.B. ein leitender Kaufmann oder Jurist, ein Feuerwehrmann, der Brandschutzbeauftragte und eine Person, die mit Versicherungen und Brandschutz vertraut ist.

6.2 Industriebaurichtlinie

Die Richtlinie über den baulichen Brandschutz im Industriebau (**IndBauRL**) ist Landesrecht und enthält Mindestanforderungen für den baulichen Brandschutz von Industriebauten, insbesondere für:

- **die Feuerwiderstandsfähigkeit der Bauteile,**
- **die Brennbarkeit der Baustoffe,**
- **die Größe der Brandabschnitte bzw. Brandbekämpfungsabschnitte,**
- **die Anordnung, Lage und Länge der Rettungswege.**

Unter **Industriebauten** versteht man Gebäude oder Gebäudeteile im Bereich der Industrie und des Gewerbes, die der Produktion (Herstellung, Behandlung, Verwertung, Verteilung) oder Lagerung von Produkten oder Gütern dienen. Die Industriebaurichtlinie darf deshalb lediglich für Gebäude angewandt werden, in denen man **gewerblich** oder **industriell** produziert oder lagert. Es ist jedoch erlaubt, dass man in nach der Industriebaurichtlinie errichteten Gebäuden Sozialbereiche wie Umkleiden, Toiletten, Pausenräume und Meisterbüros einbaut. Ab bestimmten Flächen müssen die Pausen- und Bürobereiche direkte Sichtverbindungen zur Halle haben und ggf. auch einen zweiten Ausgang (≥ 200 m²). Der Brandschutzbeauftragte muss dafür sorgen, dass diese Sichtverbindungen nicht verschlossen werden, z. B. durch das Anbringen von großflächigen Postern.

Während nach den Landesbauordnungen meist nach 40 m eine **Brandwand** vorgeschrieben ist (und somit maximale Flächen von 1.600 m² möglich sind, in Rheinland-Pfalz sind es 2.400 m²), ermöglicht die Industriebaurichtlinie die Errichtung von deutlich größeren Flächen. Sie gibt keine absoluten Flächenobergrenzen vor; maßgeblich ist die Relation zu den vorhandenen Brandlasten (bspw. Vorhandensein einer Sprinkleranlage, Feuerwehrtruppe und auch der Raum- bzw. Hallenhöhe). Das ermöglicht Flächen von deutlich über 10.000 m². Unter vier Bedingungen sind aber auch Flächen von über 100.000 m² ohne Brandwand möglich:

- **Hallenhöhe ≥ 12 m,**
- **ebenerdiges Gebäude,**
- **eine nach Landesrecht anerkannte Werkfeuerwehr,**
- **die vorhandenen Brandlasten sind in der Summe < 100 kWh/m²** (um für diese Zahl ein Gefühl zu entwickeln: ein durchschnittliches Wohn- oder Schlafzimmer hat ca. 300–500 kWh/m² an Brandlasten, ein Büroraum etwas weniger).

Wenn die **Flucht- und Rettungswege** zu lang werden, sind **Fluchttunnel** zu errichten; das sind unterirdische Tunnelanlagen, die ausschließlich für Fluchtzwecke genutzt werden dürfen und ansonsten absolut brandlastfrei sein müssen (zur Anordnung und Lage der Flucht- und Rettungswege bei Industriebauten siehe die Ausführungen in Kapitel 6.5). Vorgeschrieben ist des Weiteren eine **Belüftung** gegen die Laufrichtung (Belüftung, nicht Entrauchung!) und der Verzicht auf Türen außer den Ein- und Ausgängen.

Industriehallen kennen grundsätzlich **keine Unterkellerung**, diese sind nur in begründeten Ausnahmesituationen erlaubt und flächenmäßig stark begrenzt; Gleiches gilt auch für weitere Ebenen oberhalb des Erdgeschosses. Hier sind laut Industriebaurichtlinie lediglich vier weitere Etagen erlaubt – wobei es üblich ist, besonders große Hallen weder zu unterkellern noch oberhalb des Erdgeschosses weitere Ebenen zu errichten. In diesen Fällen findet die Unternehmensverwaltung dann in anderen Gebäuden statt. Diese dürfen zwar direkt an die Industriehallen angebaut werden, müssen aber durch eine Brandwand abgetrennt sein. Ab einer gewissen **Flächengröße** macht die IndBauRL konkrete Vorgaben:

- Ab einer Fläche von 1.600 m^2/Raum werden **Wandhydranten** gefordert.
- Ab einer Etagenfläche von 2.000 m^2 je Etage müssen **Feuerwehreinsatzpläne** vorhanden sein; der Brandschutzbeauftragte ist dann dafür zuständig, dass diese ständig auf dem aktuellen Stand sind – d.h. bei Umnutzungen sind diese Pläne umgehend anzupassen.
- Sollte ein Industriebau eine Fläche von 5.000 m^2 überschreiten, wird die Benennung einer für den Brandschutz **zuständigen Person** (= Brandschutzbeauftragter) gefordert. Diese ist der für den Brandschutz zuständigen Behörde bekannt zu geben. Eine der wichtigen Aufgaben des Brandschutzbeauftragten ist es, einen sog. IST-SOLL-Abgleich vorzunehmen, d.h. die realen Gegebenheiten in der Halle mit den gesetzlichen und behördlichen Vorgaben abzugleichen und gegebenenfalls wieder herstellen zu lassen.
- Ab einer Fläche von 2.000 m^2 muss eine **Brandschutzordnung** vorhanden sein, die speziell für die Industriehalle konzipiert wurde.
- Ab einer Gesamtfläche von 30.000 m^2 wird das Vorhandensein eines **Feuerwehrfunks** gefordert – heute meist digital.

Flächenunabhängig fordert die Industriebaurichtlinie weiter, dass die Belegschaft in den Industriehallen spätestens alle zwei Jahre in Richtung „Brandschutz“ unterwiesen wird, und das sollte dann üblicherweise vom Brandschutzbeauftragten umgesetzt werden (vgl. Kapitel 9.3). Diese **Schulungen** sind direkt, verständlich, kurz und einleuchtend zu vermitteln. Eine weitere organisatorische Forderung aus der IndBauRL ist, dass Fluchtwege, möglicherweise auch offene Treppen und Flure, freigehalten werden müssen.

6.3 Brandabschnitte

Brandabschnitte sollen Brände, die auf einer Seite einer Wand ausbrechen, auf diesen Bereich begrenzt halten. Brandabschnitte werden daher durch möglichst vertikal geführte **Brandwände** gebildet und nach den Landesbauordnungen mindestens **30 cm** und bei Industriebauten mindestens **50 cm** (demnächst wohl 70 cm – es empfiehlt sich daher, sich bei Neubauten gleich an diese Zahl zu orientieren) über Dach gezogen, wobei es hier für niedrige Gebäude Ausnahmen gibt. Besonders wichtig ist, dass brennbare Gegenstände weder über Brandwände geführt noch vor ihnen verbaut sein dürfen. Dies betrifft vor allem Stromleitungen (PV-Anlagen), die Dachhaut (Bitumen und auch Polystyrol als Gebäudeisolation) und brennbare Dämmstoffe an den Wänden. Öffnungen in Brandwänden müssen mindestens feuerbeständig und selbstschließend sein. Die Gebäudewände rechts und links der Brandwand dürfen einen **Winkel** von **120°** nicht unterschreiten – wenn doch, dann muss die Wand in eine Richtung über eine Strecke von mindestens **5 m** ohne Öffnung und feuerbeständig ausgebildet sein. Wenn die Brandwand direkt an der Grundstücksgrenze errichtet wird, darf sie keine Öffnungen haben.

Sofern es sich um eine **innenliegende** Brandwand handelt, sind feuerbeständige Öffnungen erlaubt, etwa Kabelschotts, Fenster oder Türen/Tore – wenn diese zu öffnen sind, dann müssen sie entweder permanent selbstschließend oder im Brandfall automatisch schließend ausgebildet sein. Dann müssen Brandwände – ein wesentlicher Unterschied zu feuerbeständigen Wänden – auch mechanisch besonders stabil errichtet werden.

Auf den Punkt gebracht, kann über Brandabschnitte in den verschiedenen Gebäudearten folgendes gesagt werden:

- Nach den **Landesbauordnungen** sind Brandabschnitte durch Brandwände alle 40 m zu errichten; wenn man zwischen zwei Wänden einen Winkel von 90 Grad ansetzt (also 40 m × 40 m), entsteht eine maximale Fläche von 1.600 m^2 (in Rheinland-Pfalz: 40 m × 60 m = 2.400 m^2).
- Bei **Garagengebäuden** ist man etwas großzügiger; bei fehlender Sprinkleranlage und Fußboden auf Erdbodenniveau ist eine maximale Fläche von 5.000 m^2 erlaubt (z. B. 50 m × 100 m); bei einer Sprinkleranlage ist eine Verdoppelung möglich, also sogar 10.000 m^2. Unterirdische Garagen dürfen ohne Sprinkleranlage immerhin noch 2.500 m^2 große Flächen haben und bei dem Einbau einer Sprinkleranlage darf auch diese Zahl mit 2 multipliziert werden (also sind dann maximal 5.000 m^2 erlaubt).
- Bei **Industriebauten** ist man variabel, hier gibt es keine starren, absoluten Obergrenzen (Fluchtweglängen von 30 bis 105 m sind hier möglich).
- Bei **Versammlungsstätten** ist die Ausbildung von Brandabschnitten grundsätzlich nicht geregelt; hier sind dann besonders die Fluchtweglängen relevant, die meist 30 m nicht überschreiten dürfen.
- Bei größeren Geschäften, die der **Verkaufsstättenverordnung** unterliegen, kommt es auf die Anzahl der Etagen und das Vorhandensein einer Sprinkleranlage an. Erdgeschossige Verkaufsstätten dürfen ohne Sprinkleranlage 3.000 m^2 groß sein, ohne weiter durch Brandwände unterteilt zu sein. Mit Sprinkleranlage sind sogar 10.000 m^2 erlaubt und bei mehrgeschossigen Verkaufsstätten sind Flächen von 1.500 m^2 ohne Sprinkleranlage und 5.000 m^2 bei Komplettsprinklerung je Ebene möglich.

Für den Brandschutzbeauftragten ist es wichtig zu wissen, wo Brandwände vorhanden sind. Er muss dafür sorgen, dass diese auch intakt und funktionsfähig sind; insbesondere, wenn Strom- und Datenleitungen durch Gebäude gezogen werden, treten oftmals Beschädigungen an feuerbeständigen Wänden und Decken sowie an Brandwänden auf. Diese müssen umgehend beseitigt werden. Sind Fremdfirmen im Unternehmen tätig, sind diese darauf hinzuweisen, dass Beschädigungen entweder selbständig beseitigt werden oder aber rechtzeitig zu melden sind (und zwar zeitnah, sodass man selber für umgehende Beseitigung sorgen kann).

6.4 Baustoffe und Bauteile

Baustoffe sind meist formlose Ausgangsmaterialien wie Mörtel und Sand. **Bauteile** dagegen verfügen über eine Form, etwa eine Wand, ein Tor oder eine Treppe. Es gibt solche, die brennen können und solche, die nichtbrennbar sind. Darüber hinaus gibt es welche, die einen definierten Feuerangriff für eine bestimmte Zeit aushalten, etwa 30, 60 oder 90 Minuten. Ab einer Widerstandsfähigkeit von 1,5 Stunden spricht man von feuerbeständig. Dickes Holz ist zwar grundsätzlich **brennbar**, aber es kann einen Feuerangriff für vielleicht 60 Minuten abhalten. Dicker, aber ungeschützter Stahl ist zwar **nichtbrennbar**, hat aber eine Feuerwiderstandsfähigkeit von unter 30 Minuten. Damit soll verdeutlicht werden, dass allein die Einstufung in „brennbar" oder „nichtbrennbar" neutral ist, also weder positiv noch negativ sein muss. Als nichtbrennbar gelten:

■ Sand	■ Erde	■ Kalk	■ Stahlbeton	■ Keramische Platten
■ Kies	■ Ziegel	■ Steinzeug	■ Spannbeton	■ Nichtorganische Mineralfasern
■ Lehm	■ Glas	■ Blähton	■ Leichtbeton	■ Mörtel/Beton
■ Ton	■ Gips	■ Mineralien	■ Lavaschlacke	■ Mineralplatten
■ Steine	■ Zement	■ Baumetalle	■ Naturbims	

Tab. 11: Nichtbrennbare Baustoffe

Wenn der Brandversuch in einem Prüfinstitut den Nachweis „nichtbrennbar" erbracht hat, gelten auch Baustoffe wie Gipskartonplatten mit geschlossener Oberfläche, tapezierte Wände (flache Tapete, keine Stoff- oder Strukturtapeten) und bestimmte Bodenbeschichtungen bis zu definierten Dicken (meist $\leq$ 1 mm) als nichtbrennbar.

Ungeschützter, also offener **Stahl** kann durch besonderen Lack (Brandschutzbeschichtung, darf nur von besonders befähigten Personen angebracht werden!), durch eine Verkleidung mit bestimmen Gipskartonplatten oder durch das Einbinden in Beton feuerhemmend oder feuerbeständig gemacht werden. Wenn die Brandhitze den Stahl erreicht und in ihn eindringt, kann er sich bei ca. 500 °C um ca. 1 % ausdehnen; das sind ca. 10 cm auf 10 m. Dabei ist der Stahl noch so stabil, dass er die volle Energie bei einem Träger horizontal – vergleichbar einem Stempel – auf die Wand oder die Stütze überträgt und diese beschädigen oder zum Einsturz bringen kann. Bei 525 °C hat der Stahl nur noch ca. 50 % seiner Tragfähigkeit und bei ca. 700 °C nur noch 30 % – spätestens jetzt ist er so weich, dass Stahlbauteile einstürzen.

Die europäische Gesetzgebung unterteilt die Baustoffe und Bauteile in der **DIN EN 13501** noch weiter. Hier sind folgende Abkürzungen für die folgenden Einstufungen üblich geworden:

- **A:** kein Beitrag zum Brand
- **B:** sehr begrenzter Beitrag zum Brand
- **C:** begrenzter Beitrag zum Brand
- **D:** hinnehmbarer Beitrag zum Brand
- **E:** hinnehmbares Brandverhalten
- **F:** keine Leistung festgestellt
- **s:** Rauchentwicklung
  - **s1:** gering
  - **s2:** mittel
  - **s3:** hoch
- **fl:** Brandverhaltensklasse für Bodenbeläge
- **d:** brennendes Abtropfen:
  - **d0:** nicht innerhalb 10 min.
  - **d1:** wie d0, Nachbrennzeit > 10 s
  - **d2:** keine Leistung festgestellt

Die Bauteile können darüber hinaus noch die Buchstaben **R**, **E**, **I** oder **M** erhalten, je nachdem, ob sie tragfähig sind (= R), ob sie einen Raumabschluss herstellen, wie es beispielsweise eine Säule, nicht aber eine Wand (= E) kann, ob sie isolierend wirken (= I) oder ob sie mechanisch besonders stabil sind (= M) – eine zusätzliche Anforderung, die z. B. an Brandwände gestellt wird. Die Feuerwiderstandsdauer geht von 15 Minuten über 20, 30, 45, 60, 90, 120 und reicht bis 180 und 240 Minuten. Eine Gegenüberstellung der Europanorm mit der deutschen **DIN 4102** lässt sich der nachfolgenden Tabelle entnehmen.

Klassifizierung	DIN EN 13501	DIN 4102
nichtbrennbar	A1, A2	A1, A2
schwerentflammbar	A2 (wenig Rauch), B, C	B1
normalentflammbar	D, E	B2
leichtentflammbar	F	B3

Tab. 12: Gegenüberstellung DIN EN 13501 – DIN 4102

6.5 Flucht- und Rettungswege

Fluchtwege sind von zentraler Bedeutung im Brandfall, denn auf diese sind die sich im Gebäude befindenden Menschen angewiesen, wenn sie das Gebäude selbständig verlassen wollen. Die jeweiligen Bauordnungen der Bundesländer fordern, dass es für jede Nutzungseinheit mit Aufenthaltsraum zwei voneinander unabhängige Fluchtwege geben muss.

Die Fluchtwege 1 und 2 (heute auch Haupt- und Nebenfluchtweg genannt) sind so zu platzieren, dass ein Feuer nicht beide Fluchtwege beeinträchtigen kann, also sollten sie möglichst **entgegengesetzt** liegen. Lagerräume im Keller, Technikräume und auch Bereiche zum Umkleiden oder Toiletten gelten definitionsgemäß nicht als Aufenthaltsräume (auch wenn es Nutzungseinheiten sind), d.h. hier braucht man keinen zweiten Fluchtweg. Aus Gründen der Erhöhung der Sicherheit für die dort anwesenden Personen kann ein solcher dennoch sinnvoll sein.

Die Landesbauordnungen erlauben, dass die beiden Fluchtwege **innerhalb einer Etage** über (brandlastfreien) einen Flur führen, oder aber, dass der erste Fluchtweg über einen Flur und dann nachfolgend über eine Treppe nach unten führt und der zweite Fluchtweg aus den tragbaren Leitern der Feuerwehr besteht (Abbildung 18 und 19). Bei Höhen ab 7 m fungieren auch fahrbare Leitern der Feuerwehr als zweiter Fluchtweg, sofern nur wenige Personen hierauf angewiesen sind.

Die Vorgaben der Berufsgenossenschaft fordern, wie auch die Landesbauordnungen und die Arbeitsstättenverordnung, dass Fluchtwege unbedingt **frei zu halten** sind. Das bedeutet, dass dort keine Einengungen, Stolpergefahren oder Elektrogeräte (Kopierer, Getränkeausgabeautomaten) vorhanden sein dürfen! Dem Brandschutzbeauftragten wird geraten, die Flucht- und Rettungswege regelmäßig (ggf. täglich) zu begehen bzw. begehen zu lassen und dafür zu sorgen, dass diese brandlastfrei gehalten sind. Es gibt aber auch die Möglichkeit, einen Kopierer im Flur (ggf. einer Nische) zu belassen, wenn eine Tür oder ein hierfür zugelassener Schutzvorhang automatisch im Rauchfall geschlossen wird und der Flur somit weiterhin nutzbar bleibt.

Abb. 18 und 19: Hakenleitern der Feuerwehr [M. Karl]

Während bei Gebäuden nach den Bau- und Sonderbauverordnungen die Fluchtwege meist über eigene Flure und Treppen in Treppenräume geführt werden müssen, gilt das für **Industriebauten** nicht. Hier sind die Fluchtwege primär Hauptgänge in Lager-/Produktionsräume (ggf. liegen dort auch offene notwendige Treppen in der Halle, also ohne Treppenraum). Zu beachten ist:

- Die Industriebauten brauchen mindestens zwei möglichst **entgegengesetzt** liegende Fluchtwege.
- Die Räume in den Hallen brauchen ab 200 m² je Raum auch noch zwei **Ausgänge** in die Halle.
- In der Halle muss es einen **Hauptgang** in maximaler Entfernung von 15 m geben; diese Hauptwege müssen mindestens 2 m breit sein und möglichst gerade zu den Hallenausgängen geführt werden.
- Von jeder Stelle in einer Industriehalle muss ein **Ausgang ins Freie** in maximaler Entfernung von 35 m bei einer Raumhöhe bis zu 5 m sein; bei einer Raumhöhe ab 10 m beträgt die zulässige Entfernung maximal 50 m.
- Gibt es eine **Brandmeldeanlage** mit Rauchmeldern oder eine im Brandfall selbsttätig aktiv werdende Brandlöschanlage, dann müssen Ausgänge in maximal 50 m Entfernung bei einer Raumhöhe bis zu 5 m und maximal 70 m bei einer Raumhöhe ab 10 m sein. Die Entfernung wird immer per Luftlinie gemessen, nicht jedoch durch Bauteile.

- Die tatsächliche **Lauflänge** darf nicht mehr als das 1,5-fache betragen, und da maximal 70 m möglich sind, kommt man mit 1,5 × 70 m auf 105 m Maximum. Liegt man darüber, werden Fluchttunnel nötig: diese sind den Fluchtwegen über Dächer immer zu bevorzugen.

Auf folgenden Aspekt sei noch hingewiesen: Wenn sich ein Feuer über die Fassade von unten nach oben ausbreitet und der bauliche Brandschutz korrekt ausgeführt ist, kann in die Fluchtwege auch kein Rauch in gefahrbringender Menge eindringen. Die betroffenen Personen können dadurch über die Fluchtwege ohne Gefährdung ins Freie gelangen. Sofern sich ein Feuer nicht von außen, sondern von innen nach oben ausbreitet, kann man den ersten (baulich gegebenen) Fluchtweg jedoch oft nicht mehr nutzen. Dann besteht die Gefahr, dass man sich aus Panik in eine tödliche Gefahr begibt und nicht in den Räumlichkeiten verbleibt und dort auf die Rettung wartet.

Rettungswege sind die Angriffswege der Feuerwehr und auch diese (meist außerhalb von Gebäuden, aber auf dem Grundstück) sind frei zu halten. Freihalten bedeutet, dass man die Fahrflächen auch im Winter von Schnee befreit. Bauarbeiter dürfen diese Wege beispielsweise auch nicht zum Abstellen von Baumaterial oder Fahrzeugen nutzen.

6.6 Flächen für die Feuerwehr

Die Feuerwehren kennen grundsätzlich drei Arten von Flächen, die sie im Brandfall benötigen – und weil man nicht weiß, wann es brennt, sind sie ständig frei zu halten (und damit das auch geschieht, empfiehlt sich eine Ausschilderung oder sie ist baurechtlich gefordert):

- **Anfahrtsflächen,**
- **Bewegungsflächen,**
- **Stellflächen.**

Zum einen muss die Feuerwehr an ein Gebäude heranfahren können – das ist die **Anfahrtsfläche**. Die Fahrzeuge sind heute nicht mehr 12, sondern bis zu 16 Tonnen schwer, sie sind breit und hoch – deshalb müssen die Zufahrten befestigt sein und diesen Druck aushalten können (kritisch kann es bei darunter befindlichen Tiefgaragen werden). Die Fahrflächen dürfen eine lichte Breite von mindestens 3 m und eine Höhe von 3,5 m nicht unterschreiten.

Liegt ein Gebäude hinter einem anderen, dann müssen die **Durchfahrten** ebenfalls mindestens 3 m breit und 3,5 m hoch sein und sie dürfen (zumindest bei Neubauten) keine Öffnungen (etwa Gebäudeeingänge oder Fensteröffnungen) in der Durchfahrt haben. **Stufen** in Feuerwehrzufahrten dürfen nicht höher als 8 cm sein; innerhalb von 10 m Strecke ist lediglich eine Stufe erlaubt. In einer Entfernung von 8 m vor Durchfahrten darf es ebenfalls keine Stufen in der Zufahrt geben und im Bereich der Stufen auch keine Neigungsänderungen. Führt eine Feuerwehrzufahrt nicht gerade, gibt es an die **Kurvenradien** bestimmte Anforderungen. Diese sind Tabelle 13 zu entnehmen.

Außenradius	Breite
10,5 m – 12 m	≥ 5 m
> 12 m – 15 m	≥ 4,5 m
> 15 m – 20 m	≥ 4,0 m
> 20 m – 40 m	≥ 3,5 m
> 40 m – 70 m	≥ 3,2 m
> 70 m	≥ 3 m

Tab. 13: Kurvenradien von Feuerwehrzufahrten

Üblicherweise will die Feuerwehr bei niedrigeren Gebäuden bis zu einer Bodenhöhe von 7 m herangehen, darüber hinaus heranfahren können. Bei Hochhäusern reicht es üblicherweise aus, wenn auf 15 m herangefahren werden kann. Feuerwehrzufahrten sind auszuschildern, wie Abbildung 20 zeigt.

Abb. 20: Feuerwehrzufahrt mit behördlichem Siegel [Friedl]

Die **Bewegungsfläche** ist die Fläche, die für die Feuerwehr nötig ist, um mitgeführte Geräte (etwa Pressluftatmer) bereit zu stellen und um Verletzte zu versorgen. Diese Flächen liegen an, aber nicht auf den Anfahrflächen. Je Fahrzeug wird eine Bewegungsfläche von mindestens **7 m × 12 m** gefordert. Diese muss auf dem Grundstück oder auf dem davor befindlichen öffentlichen Grund liegen. Zufahrten gelten nicht als Bewegungsflächen, denn sie müssen im Einsatzfall ständig frei bleiben.

Die Anfahr- und Stellflächen für die Feuerwehr sind ständig **frei zu halten**. Dies gilt insbesondere für Schnee, Anlieferungen, Bauprodukte, gefällte Bäume, Pflanzenwuchs, Fahrzeuge oder Sperrmüll. Ein absolutes Negativbeispiel zeigt die nachfolgende Abbildung 21. Weil dies so wichtig ist, findet sich der gesetzliche Hintergrund in den Landesbauordnungen, den Feuerwehrgesetzen der Länder, in den berufsgenossenschaftlichen Bestimmungen sowie im Gemeinderecht.

Abb. 21: Anfahrtszonen für die Feuerwehr sind unbedingt frei zu halten [Friedl]

6.7 Löschwasserversorgung

Der gesicherten Löschwasserversorgung kommt im Brandfall überragende Bedeutung zu, da die mitgeführte Löschwasserkapazität der Löschfahrzeuge der Feuerwehr nur für wenige Minuten vorhält.

6.7.1 Löschwasserbedarf

Die Richtlinie **DGUV W 405** regelt den gesetzlich nötigen **Löschwasserbedarf** in Deutschland. Hiernach gibt es grundlegend drei relevante Löschwassermengen:

- **800 l/min.** (48 m^3/h) für Wohngegenden mit frei stehenden Gebäuden,
- **1.600 l/min.** (96 m^3/h) für Innenstädte und Gewerbegebiete,
- **3.200 l/min.** (192 m^3/h) für Industriegebiete.

Daneben gibt es **Sonderbereiche**, in denen man weniger Löschwasser fordert, etwa in Berghütten, aber auch solche, in denen man noch mehr Löschwasser fordert, etwa 4.800 l/min. in extrem gefährdeten Industriebereichen. Diese Löschwassermengen müssen für die **ersten zwei Stunden** jeweils mindestens vorhanden sein. Das sind Absolutmengen, die entweder vor Ort über Hydranten oder durch Flüsse, Seen oder Löschwasserleitungen zur Verfügung stehen müssen. Sofern das Löschwasser Flüssen und stehenden Gewässern entnommen werden soll, muss die Entnahme über 12 Monate durchgängig gewährleistet sein. Das bedeutet, dass es im Sommer nicht zu Austrocknungen kommen darf und im Winter die Löschwasserentnahme möglich sein muss. Ein Beispiel zeigt Abbildung 22. Auch sicher bereitgehaltenes Brauchwasser für die Produktion kann als Löschwasser angerechnet werden, wenn es durch die Feuerwehr entnommen werden kann.

Abb. 22: Löschwasserentnahmestelle; wenn natürliche Gewässer zur Löschwasserentnahme verwendet werden sollen, müssen diese auch als solche gekennzeichnet sein [Friedl]

Bei **Industriebauten** mit **Komplettsprinklerung** gilt die Anforderung, dass lediglich die Hälfte der sonst geforderten Löschwassermenge vorhanden sein muss, ansonsten ist die Löschwassermenge abhängig von der Fläche:

- **1.600 l/min.** (96 m^3/h) für die 1. und die 2. Stunde bei Abschnittsflächen $\leq 2.500\,m^2$
- **3.200 l/min.** (192 m^3/h) für die 1. und die 2. Stunde bei Abschnittsflächen $> 4.000\,m^2$.

6.7.2 Löschwasserentnahme

Für die Löschwasserentnahme gibt es sogenannte **Stich- und Ringleitungen**. Ca. alle 100 m findet sich ein Hydrant zur Löschwasserentnahme. Eine Stichleitung erhält lediglich aus einer Richtung die Wasserversorgung, eine Ringleitung aus beiden Richtungen. Somit ist klar, dass die Stichleitung weniger Wasser liefern kann, während man aus einer Ringleitung die jeweils volle Wassermenge entnehmen kann. Der **Innendurchmesser** der Wasserleitung **(DN)** ist bei jeder Hydranten-Ausschilderung angegeben; er beginnt bei 80 cm und endet bei 1 m und wird in mm angegeben. DN 80 bedeutet demzufolge, dass der Innendurchmesser der Wasserleitung 80 mm beträgt (somit eine Querschnittfläche von ca. 50 cm^2 vorhanden ist), eine DN 200 Leitung hat einen Innendurchmesser von 200 mm und somit eine Querschnittfläche von 314 cm^2. Daraus wird ersichtlich, dass eine DN 200-Leitung deutlich leistungsfähiger ist als eine DN 80-Leitung, nämlich nicht nur das 2,5-fache an Wasser je Zeiteinheit transportieren kann, sondern mehr als das 6-fache.

Abb. 23: Ausschilderung eines Unterflurhydranten mit einem Innendurchmesser von 300 mm [Friedl]

Bei einem **Unterflurhydranten** wird das sog. Standrohr erst von der Feuerwehr gesetzt; es hat immer einen inneren Durchmesser von 80 mm. Zu sehen ist ein solches Standrohr nebst Hydrantenschlüssel in der nachfolgenden Abbildung 24. Bei **Überflurhydranten** ist das Steigrohr bereits ständig vorhanden, hier beträgt der Innendurchmesser meist 100 mm (Abbildung 25 und 26). Unterflurhydranten sind daher nicht ganz so leistungsfähig wie Überflurhydranten. Zudem können Unterflurhydranten leichter zugestellt und zugeparkt werden, sind schwerer aufzufinden und auch nicht so schnell einsatzbereit, da erst das vertikale Steigrohr gesetzt werden muss. Zum Schutz des Trinkwassers wird zukünftig eine Trennung von Trinkwasser und Löschwasser vorgenommen. Unter anderem werden dann die Abstände zwischen den einzelnen Hydranten größer werden.

Abb. 24: Standrohr mit Unterflur-Hydrantenschlüssel [M. Karl]

Abb. 25 und 26: Überflurhydrant mit freien Abgängen links sowie mit Fallmantel rechts [M. Karl]

6.7.3 Löschwasserrückhaltung

Die Löschwasserrückhalte-Richtlinie (**LöRüRL**) wurde in Europa grenzüberschreitend kreiert, als im Jahr 1986 ein eigentlich zunächst harmloser Brand in der Schweiz in einer menschenleeren Lagerhalle aufgrund des in den Rhein geflossenen Löschwassers extreme Umweltschäden verursachte. Das „verbrauchte" Wasser zurückzuhalten wird immer dann nötig, wenn der Umwelt durch Eindringen des verschmutzten Löschwassers ein Schaden droht. Wenn Feststoffe wie Holz, Papier oder Kunststoff brennen, wird das in der Regel nicht passieren – eine Ausnahme sind Düngemittel und weitere Gefahrstoffe. Leider wurde die Löschwasserrückhalte-Richtlinie von den deutschen Behörden ersatzlos zurückgezogen, ohne vorzugeben, welche Vorgaben zum Schutz der Umwelt denn nun einzuhalten sind. Es empfiehlt sich, die bisherigen Vorgaben auch weiterhin zu beachten; wer höherwertig und somit verantwortungsvoller handeln will, soll sich bitte an die wirklich gute VdS 2557 (Planung und Einbau von Löschwasser-Rückhalteeinrichtungen) halten.

Abb. 27: Löschwasserrückhaltung; der Boden ist abgesenkt, damit keine Flüssigkeit und kein Löschwasser ausdringen kann. Die Rampe ermöglicht die Begehung des Raums [Friedl]

Zur **Dimensionierung** der **Löschwasserrückhaltung** dient die Lagerfläche in Relation zur Lagerhöhe, manchmal auch das Gewicht des eingelagerten

Gutes. Die Löschwasserrückhalte-Richtlinie gibt dann vor, wie viel Löschwasser auf dem Grundstück zurückgehalten werden muss. Dazu folgendes **Berechnungsbeispiel**: Ein Lager hat eine Grundfläche von 70 m², man lagert dort auf einer Höhe von bis zu 12 m Kunstdünger. Dieser ist wasserlöslich und deshalb hoch kritisch, weil man pro m² nur 50 Gramm aufbringen darf und jetzt Mengen von über 200 Tonnen gelagert sind auf nur 70 m² – das reicht demnach für 4 Mio. m²! Die Tabelle 2 der kürzlich zurückgezogenen Löschwasserrückhalte-Richtlinie weist aus, dass hier 12.000 l Löschwasser zurückgehalten werden müssen. Da der Lagerraum eine Fläche von 70 m² hat, rechnet man einfach: $12\ m^3 : 70\,m^2 = 0{,}17\,m$. Das bedeutet, dass der Boden und die ihn umgebenden Wände des Lagerraumes auf einer Höhe von mindestens 17 cm flüssigkeitsresistent ausgelegt sein müssen. Wie gesagt, wer sich nach wie vor an die zurückgezogene Vorgabe hält, kann juristisch wohl nicht belangt werden.

6.8 Kontrollfragen

Zur Überprüfung des in diesem Kapitel vermittelten Fachwissens folgen vier Fragen zum Thema „Baulicher Brandschutz" – Mehrfachnennungen sind möglich. Die Lösungen sind am Ende des Buches zu finden.

Kontrollfragen

1. **Ein Lagerraum im Keller soll zukünftig als Aufenthaltsraum genutzt werden. Gibt es hierbei baurechtliche bzw. brandschutztechnische Vorgaben zu beachten?**
   a) Im Keller muss es laut den jeweiligen Bauordnungen immer Notbeleuchtung geben.
   b) Es reicht nach wie vor ein gesicherter Rettungsweg.
   c) Es muss zwei voneinander unabhängige Rettungswege geben.
   d) Der Raumausgang muss in einen notwendigen Flur bzw. Treppenraum münden.
   e) Man muss dafür sorgen, dass bei einer Brandgefahr auch dort informiert wird.
   f) Es wird ein sog. Sicherheits-Treppenraum gefordert.

2. **Wobei handelt es sich um einen Sonderbau?**
   a) Großgaragen (> 1.000 m²),
   b) Krankenhaus,
   c) Kindergarten mit bis zu 20 Kindern zwischen 3 und 6 Jahren,
   d) Ebenerdiges Altenheim,
   e) Wohnhäuser,
   f) Spielplätze im Freien.

▷

Kontrollfragen (Fortsetzung)

3. Wie nennt man die Feuerwiderstandsfähigkeit von mindestens 1,5 Stunden?

a) feuerfest
b) feuerhemmend
c) hochfeuerhemmend
d) feuersicher
e) feuerbeständig
f) hochfeuerbeständig

4. Wie müssen Öffnungen in innenliegenden Brandwänden ausgebildet sein?

a) Mindestens feuerhemmend und selbstschließend.
b) Öffnungen in Brandwänden sind verboten.
c) Mindestens feuerbeständig und selbstschließend.
d) Mindestens hochfeuerhemmend und nicht öffenbar.
e) Türen nur mit Schleusenfunktion und beide mindestens feuerhemmend.
f) Das ist nicht geregelt.

7 Anlagentechnischer Brandschutz

Prüfungsrelevanz

Das Thema **anlagentechnischer Brandschutz** gehört untrennbar zum baulichen Brandschutz und muss daher bekannt sein und umgesetzt werden. Den Brandschutzbeauftragten sollten die nachfolgend erläuterten Thematiken geläufig sein.

Der **anlagentechnische Brandschutz** ist neben dem baulichen und organisatorischen Brandschutz die dritte Stütze des sog. vorbeugenden Brandschutzes. Oftmals fordern die Bauordnungen und auch die Feuerversicherungen die Anschaffung bestimmter Brandschutztechnik, oder einen Abnehmer der Produkte oder eine Zertifizierungsnorm. Immer aber wird die Brandschutztechnik individuell einem Gebäude und dessen Nutzung(en) angepasst. Wie jede technische Anlage muss auch diese Technik regelmäßig geprüft und ggf. gegen eine aktuelle Technik ausgetauscht werden.

Es gibt wartungstechnische Computerprogramme, die dem Nutzer rechtzeitig anzeigen, was und wann gewartet werden muss; sollte ein Unternehmen besonders groß sein, wird zu solchen Programmen geraten. Hintergrund ist auch folgender: Kürzlich hat eine Feuerversicherung einen Brandschaden nur teilweise reguliert, weil die Wartung des komplett erfolgreich eingesetzten Handfeuerlöschers um lediglich einen Monat abgelaufen war. Obwohl der Feuerlöscher voll funktionsfähig war, gab es diesen (völlig unnötigen) Abzug.

7.1 Brand- und Gefahrenmeldeanlagen

Es gibt eine ganze Reihe von **Gefahrenmeldeanlagen** für die unterschiedlichen Unternehmensarten. Sinn all dieser Technik ist es, auf vorhersehbare und schädigende Situationen hinzuweisen. Abhängig davon, ob Großküche, EDV-Bereich, Kunststofflager, Lager mit Wertgegenständen oder verschiedenartige Produktionsbereiche, werden unterschiedliche Techniken nötig. Folgende Brandschutztechnik wird grundsätzlich eingesetzt:

a) **Brandmelder/Brandmeldeanlagen (BMA)**
   Als **Brandmelder** werden technische Geräte zur Alarmauslösung im Fall eines Brands bezeichnet. Dabei wird unterschieden zwischen automatischen Brandmeldern, die einen Brand anhand seiner Eigenschaften (z. B.

Rauch, Temperatur, Flamme) erkennen, und nicht automatischen Brandmeldern, die von Hand betätigt werden müssen (Handfeuermelder).

Brandmeldeanlagen sind in der Lage, auf verschiedene Brandkenngrößen (Hitze, Rauch, Wärmestrahlung, CO) anzusprechen und ab einem vorgegebenen Schwellenwert an eine möglichst ständig besetzte Stelle eine Information abzusetzen. Je nachdem, wie schnell ein Schaden eintreten kann, wird es nötig, dass qualifiziertes Fachpersonal zügig vor Ort ist. Typische Schwachstellen dieser Technik sind oft die Unzuverlässigkeit der Alarmübertragung und die den Alarm entgegennehmende Stelle (z. B. ausschließlich das Smartphone eines Mitarbeiters wäre äußerst unsicher). Fehlalarme sind ärgerlich, häufig teuer und deshalb möglichst zu vermeiden. Daher ist es sinnvoll, sich vorab Gedanken machen, aus welchen Gründen es zu Fehlalarmen (Falschmeldungen) kommen kann. Welche physikalischen Störkenngrößen entstehen beispielsweise im Lauf eines Jahres? Sonneneinstrahlungen (im Herbst anders als im Frühling), unterschiedliche Reinigungsvorgänge, verschiedenartige Arbeitsverfahren, Wasserdampf, umherfahrende Dieselstapler oder produktionsbedingt anfallender Staub können Fehlalarme verursachen.

Es gibt verschiedene **Sonderbrandmelder**, etwa Wärmemess-Kabel, Ansaug-Rauchmelder oder Lichtschrankensysteme z. B. für hohe Hallen. Diese sind in Anschaffung und vor allem auch im Unterhalt oftmals deutlich preisgünstiger als konventionelle Punktrauchmelder. Lichtschranken als Brandmelder eignen sich insbesondere für den Einsatz in hohen Hallen. Im Elektronikbereich (Telefonzentrale, EDV-Raum) ist es eventuell sinnvoll, gleich eine passende Brandlöschanlage zu installieren.

Der Verband der Schadenversicherer hat über einen Zeitraum von ca. 10 Jahren die Brände in Industrieunternehmen analysiert: Einmal wurde untersucht, ob der Brand während der regulären Arbeitszeit (also wenn die Produktionsanlagen laufen) ausgebrochen ist, und zum anderen wurde analysiert, wie hoch der Schaden war (Feuerschaden plus Betriebsunterbrechungsschaden). Es kam heraus, dass ca. $^1/_3$ der Brände **außerhalb der Arbeitszeit** entstehen, hierbei aber 62 % der gesamten Kosten verursachen. Somit ist ein Brandschaden außerhalb der Anwesenheit der Belegschaft um ca. den Faktor 3,2 teurer. Man sieht, dass es vorteilhaft sein kann, Brandmeldeanlagen zu installieren, insbesondere für Bereiche, in denen nicht ständig Personen anwesend sind.

Die sog. **Heimrauchmelder** haben die Aufgabe, schlafende Personen vor den Brandgefahren zu warnen, insbesondere vor tödlichem Rauch, während eine industrielle Brandmeldeanlage das Ziel hat, Personen im Gebäude über den Brand zu informieren, auch um Sachwerte zu schützen.

Abb. 28: Offensichtlich durch die rauen Umgebungsbedingungen zerstörter Rauchmelder [Friedl]

b) Einbruchmeldeanlagen (EMA)

Diese gibt es für Gelände, die Gebäudeaußenhaut, zur Innenraumüberwachung und zur Überwachung von einzelnen Gegenständen. Da Einbrecher manchmal auch Brände legen, beispielsweise um das Unternehmen zusätzlich zu schädigen, wird der personelle, mechanische und elektronische Einbruchschutz auch Teil eines effektiven Brandschutzes.

c) Überfallmeldeanlagen (ÜMA)

Bereiche mit großen „anonymen" Werten sind für Kriminelle besonders reizvoll. So sind Unternehmen, die größere Mengen an Bargeld, wertvolle Metalle, moderne Elektronikgeräte oder wertvolles Handelsgut vorrätig halten, stärker gefährdet. Dort bringt man an dezenten Stellen Überfallmelder so an, dass sie optisch nicht wahrzunehmen sind und die Auslösung nicht auffällt.

d) Gaswarnanlagen

Es gibt unterschiedliche Arten von Gaswarnanlagen; solche, die vor ausgetretenen brennbaren und damit explosiven Gasen warnen und solche, die Brandrauchgase detektieren (Rauchgase, CO, CO_2). Da Gase entweder leichter oder schwerer als Luft sind, müssen die Detektoren entsprechend an der Decke oder in Bodennähe platziert werden. Das Gas CO beispielsweise entsteht häufig bei Schmorbränden und ist unwesentlich leichter als Luft, während CO_2 ca. 50 % schwerer als Luft ist.

e) **Brandlöschanlagen**
Diese Anlagen verhindern zwar keine Brände, aber sie bekämpfen sie zuverlässig, verzögerungsfrei und effektiv. Brandlöschanlagen bestehen aus einer Branddetektion mit nachfolgendem Einbringen eines jeweils geeigneten Löschmittels. Dieses kann ein Gas sein oder auch Wasser, Pulver oder Schaum. Welches Löschmittel am besten geeignet ist, hängt von verschiedenen Faktoren ab und kann nicht pauschal beantwortet werden. Sowohl die Personengefährdung als auch die Schädigung durch das Löschmittel und die Anschaffungs- und Unterhaltkosten oder die Beseitigungs- und Renovierungskosten sind hierbei zu berücksichtigen.

f) **Berieselungsanlagen**
Hier handelt es sich nicht um Brandlöschanlagen, sondern um eine Brandschutztechnik zur Verhinderung einer Brandvergrößerung. Vor allem bei den sog. eisernen Vorhängen in Theatern (diese trennen das Bühnenhaus vom Stuhlhaus) oder auch bei großen Tankanlagen wird diese Technik eingebaut. Dabei wird im Brandfall eine Anlage oder ein Metalltor mit Wasser berieselt und damit gekühlt, damit diese möglichst lange ihre Funktion aufrecht erhalten können bzw. damit der Inhalt sich nicht zu stark erwärmt.

g) **Explosionsschutzanlagen**
Eine Explosion findet innerhalb von Millisekunden statt. In diesem Zeitraum kann man – anders als bei der Entstehung von Bränden – nicht mehr reagieren. Technische Einrichtungen indes sind in der Lage, so schnell zu reagieren. Man kann diese Anlagen nicht in Räume einbauen, aber in Reaktoren oder auch in Absauganlagen. Vergleichbar der schnellen Auslösung eines Airbags bei einem Autounfall können hier Sensoren Druck- oder Temperaturanstieg in Sekundenbruchteilen messen und dann ggf. ein Kühl- oder Löschmittel oder ein Gas zur Inhibition (also dem chemischen Verhindern einer Reaktion) einbringen. Derartige Anlagen werden oft in Kunststoff- oder Holzstaub-Absauganlagen eingebaut. Die zuständige Feuerversicherung und auch Berufsgenossenschaften können entsprechend interessierten Unternehmen Auskunft geben, welche Arten von Anlagen sinnvoll und schützend sind.

h) **Feuerlöscher, Wandhydranten**
Diese manuell anzuwendenden Löscheinrichtungen sind durch das Baurecht oder auch die Arbeitsstättenverordnung und privatrechtlich von den Feuerversicherungen oft gefordert. Die Feuerlöscher werden nach der ASR A2.2 dimensioniert und Wandhydranten ebenfalls – sie

sind heute vorzugsweise so zu platzieren, dass Brand- und Rauchschutztüren nicht behindert bzw. blockiert werden. Bei Wandhydranten besteht der große Vorteil, dass sie – im Gegensatz zu den Handfeuerlöschern – über eine unendliche Löschmittelquelle verfügen und dass man sie aus größerer Entfernung anwenden kann. Somit ist die Gefahr durch Rauchgase und Brandhitze für die einsetzende Person deutlich geringer. Bei Wandhydranten gibt es solche mit der Bezeichnung F und solche mit S (S für Selbsthilfe, F für Feuerwehr). Die S-Hydranten sind ausschließlich für die Mitarbeiter, während die F-Hydranten technisch aufwändiger, zuverlässiger und für den Einsatz von Mitarbeitern ebenso wie für den ersten Löschangriff durch Feuerwehrleute gedacht sind. Näheres zu Feuerlöschern und Wandhydranten findet sich in Kapitel 8.

i) **Steigleitungen (trocken, nass)**
Steigleitungen werden vertikal durch ein Gebäude geführt und enthalten entweder Luft (trockene Steigleitungen) oder bereits unter Druck stehendes Löschwasser (nasse Steigleitungen). Diese Leitungen sind für die Feuerwehr bei einem Löscheinsatz in einem größeren Gebäude gedacht und ermöglichen einen zügigeren Löscheinsatz. Steigleitungen werden z. B. im Treppenraum verlegt. Bei einem Brand in einer der oberen Etage muss die Feuerwehr nun lediglich Löschwasser in die Steigleitung einspeisen und kann dann in der Etage, in der es brennt, das Löschwasser entnehmen. Man spart sich also das zeitraubende vertikale Verlegen der Löschwasserleitung im Treppenraum.

j) **Telefone, Rundrufanlagen**
Zum anlagentechnischen Brandschutz zählen auch Informationsanlagen für die anwesenden Personen, über die sie über die Brandgefahr informiert werden. Die ASR A2.2 fordert, dass der Betreiber eines Gebäudes die sich darin aufhaltenden Personen zügig über die Gefahr eines Brands zu alarmieren hat. Das kann über Zuruf, über Telefone, über Megafone oder auch über Rundrufanlagen geschehen.

k) **Brandschutzklappen**
Vorgaben hierzu machen die Landesbauordnungen sowie die Lüftungsanlagenrichtlinie (LüAR). In Lüftungsanlagen müssen immer dann Brandschutzklappen eingebaut werden, wenn diese durch Wände, Böden oder Decken geführt werden, an die es brandschutztechnische Anforderungen gibt, wie etwa die Anforderung „feuerbeständig". Deshalb müssen die Wand- und Deckendurchbruchstellen spätestens im Brandfall feuerbeständig geschlossen sein, und das erreicht man durch den

Einbau von feuerbeständigen Klappen, die im Falle des Auftretens von Hitze selbsttätig schließen.
Es gibt Vorbauklappen (diese werden vor Wänden oder Decken angebracht) und Einbauklappen (diese werden direkt in die Wand respektive in die Decke eingebaut). Diese Technik muss korrekt gewartet werden und sie muss für die Wartungstechniker auch erreichbar sein – nicht selten sind abgehängte Decken derartig angebracht oder Leitungen unterhalb platziert, dass es praktisch nicht mehr möglich ist, die Teile zu warten oder auszutauschen. Diese Klappen sind aufzulisten, um den gerichtsfesten Nachweis erbringen zu können, sie erfasst und korrekt gewartet zu haben. Alternativ zu den Klappen lassen sich auch die Kanäle ab der entsprechenden Wand bzw. Decke bis zum Austritt aus dem Gebäude feuerbeständig ausführen; das ist zwar in der Anschaffung teurer, macht jedoch eine Wartung unnötig.

l) Blitz- und Überspannungsschutz

Je nach Schutzziel und je nach „Angriffsart“ werden mehrere der nachfolgend genannten Techniken nötig. Zum einen gibt es den Gebäudeblitzschutz; dieser soll ein Gebäude vor physikalischer Zerstörung bei einem direkten Blitzeinschlag schützen. Die Bauordnungen fordern Gebäudeblitzschutz immer dann, wenn ein Gebäude besonders hoch ist und damit vermehrt blitzeinschlaggefährdet, oder wenn besondere Kulturgüter in dem Gebäude enthalten sind, oder aber wenn sich besonders schutzbedürftige Personen in dem Gebäude aufhalten. Der Blitzschutz für ein Gebäude besteht aus den Fangeinrichtungen, aus deren Ableitungen und den nachfolgenden Erdungsanlagen. Um zu verhindern, dass dieser elektrische Strom über Stahlarmierungen, Gas-, Strom- oder Datenleitungen in das Gebäude gelangt, werden elektronische Bauelemente nötig. Diese teilen sich in die Klasse I (Grobschutz), Klasse II (Mittelschutz) und Klasse III (Feinschutz) ein:

- Grobschutz ist meist vor den Sicherungen angebracht, um diese zu schützen und idealerweise auch vor dem Stromzähler (das ist vom Energielieferanten zu genehmigen; ggf. muss die Einrichtung verplombt werden).
- Mittelschutz wird in den Etagenunterverteilungen angebracht, denn auf dem Weg von der Stromeinspeisung im Keller bis zur Etagenverteilung kann sich eine Überspannung wieder induzieren.
- Der Feinschutz ist eine gerätespezifische Einrichtung, z.B. in der Steckdose oder in der Datenleitung; dadurch können auch kleinere (aber schädliche) Überspannungen abgehalten werden.

m) Notstrom

Entweder die Bauordnungen fordern das Vorhandensein von Notstrom und daran angeschlossene Einrichtungen wie Notbeleuchtung, Brandmeldetechnik und auch weitere Sicherheitstechnik, oder aber eine Gefährdungsbeurteilung ergibt dies. Bei Unternehmen ist es wichtig, die unterirdischen und fensterlosen Bereiche an die Notstromversorgung anzuschließen. Es kommt entscheidend darauf an, für was der Notstrom gebraucht wird und wie zügig und wie viel Energie bereitstehen muss. Je nachdem sind Akkumulatoren ausreichend (vielleicht 30 oder auch 400 Stück, jeweils in der Größe einer Lkw-Starterbatterie), oder aber es muss zusätzlich noch einen Notstromerzeuger geben (Gas- oder Dieselaggregat).

Die Versammlungsstättenverordnung fordert beispielsweise, dass die Notbeleuchtung zur Vermeidung von Panik innerhalb einer Sekunde nach Ausfall der Allgemeinbeleuchtung anspricht und dann für 60 Minuten aufrechterhalten werden muss. Da ein Dieselaggregat einige Zeit zum Anlaufen benötigt, braucht man zusätzliche Akkus, um die ersten Sekunden des Hochlaufens der Anlage und der Synchronisation zu überbrücken. Dazu werden heute meist Lithium-Ionen-Akkus verwendet, weil diese eine große Energiemenge bevorraten können. Diese Akkus müssen dann aber auch ihrerseits in der Gefährdungsbeurteilung berücksichtigt werden, z. B. eigene Räume, Auslaufschutz (Auffangwannen), eigene Belüftung, Zutritt nur für Berechtigte, ggf. Beheizung.

n) Feuerwehraufzüge

Feuerwehraufzüge werden im Normalzustand (d. h. es brennt nicht) wie die anderen Aufzüge verwendet. Im Falle eines Brandes dürfen die Feuerwehraufzüge dann ausschließlich von Feuerwehrleuten bedient und benutzt werden. Üblicherweise haben diese Aufzüge einen sog. Vorzugsschalter, der mit einem Schließzylinder von der Feuerwehr bedient werden kann. Damit können Gerätschaften eingebracht und gefährdete Personen nach unten gebracht werden. Diese Aufzüge verfügen über eigene Schächte und sind an den Notstrom angeschlossen, d. h. sie bieten ein relativ hohes sicherheitstechnisches Niveau.

7.2 Wasserlöschanlagen

Wasserlöschanlagen, genannt Sprinkleranlagen, sind automatische Feuerlöschanlagen, die zum Brandschutz, z.B. in Hochhäusern, Geschäftshäusern, Kaufhäusern, Industrieanlagen, Versammlungsstätten und Tiefgaragen eingesetzt werden können. Sie haben nach einer Untersuchung des Verbands der Schadenversicherer eine Zuverlässigkeitsrate von ca. 98 % und werden deshalb von den Feuerversicherungen mit bis zu 65 % Rabatt auf die Versicherungsprämien honoriert – dieser kann sich auf 0 % reduzieren, wenn beispielsweise Polystyrol als Dämmmaterial an Wänden oder auf Dächern verwendet wird. Eingesetzt werden üblicherweise die nachfolgenden sechs verschiedenen Arten von Sprinkleranlagen; dabei hat jede ihre spezifischen Einsatzmöglichkeiten und zugleich Begrenzungen:

- **Nassanlagen,**
- **Trockenanlagen,**
- **Vorgesteuerte Sprinkleranlagen,**
- **Kombianlagen,**
- **Sprühflutanlagen,**
- **Wassernebelanlagen.**

a) **Nassanlage**
Nassanlagen bestehen aus einem mit Wasser gefüllten Rohrsystem, das unter hohem Druck (mindestens etwa das 3-fache einer Wasserleitung) steht. Wenn nun aufgrund einer Temperaturerhöhung die Flüssigkeit in einem der Sprinklerköpfe so heiß wird, dass sie sich stärker ausdehnt, platzt das umgebende Glasgefäß und das Löschwasser kann unter dem hohen Druck auf den sog. Pralltellerdes Sprinklerkopfs gelangen. Dort wird es fein verteilt und bedeckt eine Fläche von ca. 12 m² mit ca. 80 l Wasser pro Minute und Sprinkler. Sollten also fünf Sprinkler aufgrund eines Feuers öffnen und die Feuerwehr nach 10 Minuten vor Ort sein, sind bereits 4.000 l Wasser (dieses wiegt 4 Tonnen!) ausgetreten. Die Wasserleitungen einer Sprinkleranlage sind immer vom normalen Trinkwassernetz getrennt; sobald dort das Wasser in Bewegung ist, wird die zuständige Feuerwehr automatisch alarmiert, um zu intervenieren. Üblich sind rote Sprinklergefäße, diese lösen bei ca. 68 °C Temperatur aus. Sind höhere oder niedrigere Temperaturen erwünscht, etwa in sensiblen Produktionsbereichen einerseits oder Saunen und Holz-Trocknungsanlagen andererseits, wählt man andere (vgl. nachfolgende Tabelle).

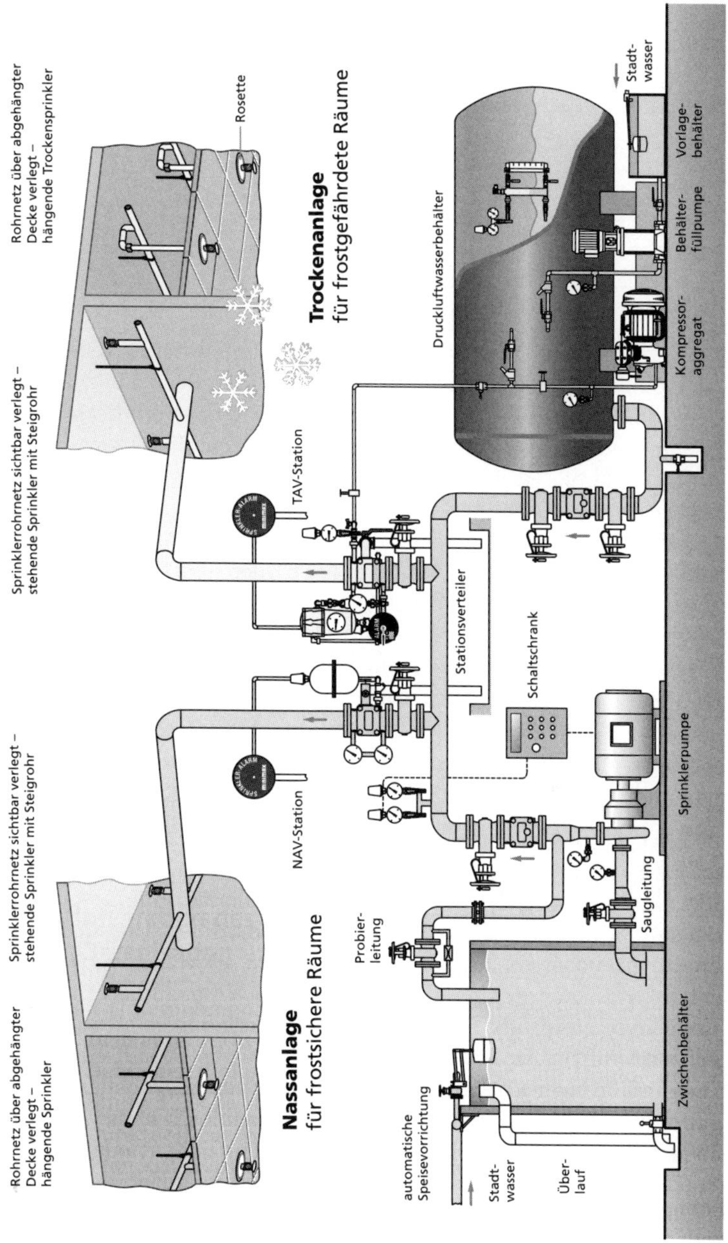

Abb. 29: Systembild einer Sprinkleranlage [Minimax]

Farbe	Auslösetemperatur
Orange	57 °C
Rot	68 °C
Grün	93 °C
Blau	141 °C
Violett	182 °C
Schwarz	260 °C

Tab. 14: Auslösetemperaturen bei Sprinkleranlagen

Sprinkleranlagen sind immer für bestimmte, definierte Brandlasten ausgelegt. Wenn nun der Betreiber andere (höhere) Brandlasten in ein Lager einbringt und es beginnt ein Feuer, kann es sein, dass die horizontale und auch vertikale Feuerausbreitung schneller abläuft als das Öffnen der Sprinklerköpfe. Wenn man eine Sprinkleranlage einbauen lässt, sollte man daher besser eine leistungsfähigere Anlage planen, dann ist man später in der Nutzung flexibler. Dementsprechend gibt es vier Sprinklerklassen: für geringe, mittlere, hohe oder sehr hohe Brandlast. Die Europa-Norm CEA 4001 für Sprinkleranlagen kennt in der hochwertigsten dritten Einstufung für Handel und Industrie die Klassen HHP1, HHP2, HHP3 und HHP4 (zunehmende Brandlasten je m^2); für Lagerbereiche gibt es ebenfalls eine vierstufige Einstufung: HHS1 – HHS4.

b) **Trockene Sprinkleranlage**

Solche werden dort installiert, wo es Temperaturen unter dem Gefrierpunkt oder oberhalb des Siedepunktes (z.B. in einer Sauna) gibt. Die Trockenanlagen haben ein Ventil im frostsicheren Bereich, an dem von der einen Seite ein Wasserdruck ansteht und von der anderen Seite ein ebenso groß wirkender Luftdruck. Platzt nun ein Sprinkler, tritt der Luftdruck aus, dieser lässt am Ventil nach, der Wasserdruck schiebt das Ventil zur Seite und flutet das System, um am geplatzten Sprinkler mit wenigen Sekunden Zeitverzögerung auszutreten.

c) **Vorgesteuerte Sprinkleranlage**

Vorgesteuerte Anlagen werden auch Pre-Action-Anlagen genannt; hierbei handelt es sich um eine intelligente Kombination von Rauch- und Wärmedetektion. Das Ventil der Trockenanlage wird nicht nur von den beiden Drücken Luft und Wasser gehalten, sondern darüber hinaus von einem elektromechanischen Sperr-Mechanismus; dieser hängt an einer Brandmeldeanlage. Wenn es zu einem Wasseraustritt kommen soll, muss neben der Hitze auch Rauch entstehen. Nur wenn Hitze entsteht (dann platzt der Sprinkler) und im gleichen Zeitfenster und im gleichen Löschbereich auch Rauch (dann wird das Ventil frei gegeben), kann Wasser austreten – was davon zuerst passiert, spielt keine Rolle.

d) Kombianlage

Sogenannte Kombianlagen verbinden eine nasse mit einer trockenen Anlage in einer Einheit – also beispielsweise im Lager eine Nassanlage und auf der im Freien befindlichen Rampe eine Trockenanlage.

e) Sprühflutanlage

Solche Anlagen werden immer dann installiert, wenn die Berechnung ergeben hat, dass selbst mit einer Auslegung nach höchster Brandlast nicht mehr ausreichend gelöscht werden kann. Diese Anlagen werden immer durch zwei Rauchmelder ausgelöst, die innerhalb eines Zeitabschnitts und eines Bereichs detektieren müssen. Die Entstehung von Hitze, wie bei Nassanlagen, ist hierbei nicht nötig. Während bei einer Sprinkleranlage nur die betroffenen Ventile auslösen, tritt bei einer Sprühflutanlage aus allen Ventilen eines überwachten Bereichs zeitgleich Wasser aus. Dann treten 2–5 Tonnen Wasser je Minute aus, wodurch ein immenser Wasserschaden entstehen kann. Eine Sprühflutanlage ist also nur dann einzusetzen, wenn der Schaden durch ein Feuer deutlich höher liegen würde, z. B. im Mülllager eines Heizkraftwerks.

f) Wassernebelanlage

Besonders effektiv sind Wassernebelanlagen, die in Relation zu den Sprinkleranlagen rund 90 % weniger Löschwasser für den gleichen Löscheffekt brauchen. Der Löschwasserschaden bei den Wassernebelanlagen ist dadurch deutlich geringer. Hier tritt unter deutlich höherem Druck das Wasser fein vernebelt aus, wodurch eine wesentlich effektivere Löschwirkung erreicht werden kann. Allerdings ist diese Technik wesentlich anspruchsvoller und daher teurer in Anschaffung und Unterhalt. Allein dadurch, dass der Druck höher ist, muss man stabilere Stähle verbauen und Kalk im Wasser kann die deutlich geringeren Wasseraustrittsöffnungen verstopfen.

Das „verbrauchte" **Löschwasser** ist zurückzuhalten, wenn der Umwelt durch Eindringen des verschmutzten Löschwassers ein Schaden droht (siehe hierzu Kapitel 6.7.3). Anschließend ist es ordnungsgemäß zu entsorgen – dazu gibt es hierauf spezialisierte Unternehmen, deren Kosten von den Feuerversicherungen übernommen werden. Solche Sanierungsunternehmen werden üblicherweise auch von den Versicherungen vorgeschlagen bzw. empfohlen und sollten auch genutzt werden.

7.3 Gaslöschanlagen

Der Sinn einer **Gaslöschanlage** liegt in erster Linie darin, Sachwerte zu schützen. Diese Anlagen dienen nur „nebenbei" dem Personenschutz – oder gefährden ihn sogar. Dies liegt daran, dass Gaslöschanlagen alle auf dem Prinzip beruhen, dass durch Einbringung eines Löschgases der in der Luft vorhandene **Sauerstoff** (O_2) **verdrängt** wird. Dadurch wird dem Verbrennungsvorgang der Luftsauerstoff entzogen, was zum Ersticken des Brandherdes führt; durch den reduzierten Luftsauerstoffgehalt entstehen aber gleichzeitig erhebliche Gesundheitsgefahren für Menschen.

Als Löschmittel in Gaslöschanlagen eingesetzt werden häufig:

- **Kohlendioxid** – CO_2,
- **Argon** – Ar,
- **Stickstoff** – N_2,
- **Inergen** – N_2 (52 %), Ar (40 %), CO_2 (8 %),
- **Argonit** – Ar (50 %), N_2 (50 %),
- **FM 200** – C_3HF_7,
- **Novec 1230** – $CF_3CF_2COCF(CF_3)_2$,
- sowie unterschiedliche prozentuale **Mischungen** aus den ersten drei genannten Löschgasen.

7.3.1 Kohlendioxid-Löschanlagen

7

Am preiswertesten, aber auch am gefährlichsten von den genannten Gasen sind **Kohlendioxid-Löschanlagen**. Denn das CO_2 reduziert die Sauerstoffkonzentration derart, dass für Menschen akute Lebensgefahr besteht. Zudem ist das Gas deutlich schwerer als Luft und fällt somit in tiefere Bereiche, etwa Mulden, Senken, Kellerbereiche oder Tiefgaragen und kann dort, weitab des Ausbringorts, Menschenleben bedrohen. Andere Löschgase sind zwar deutlich teurer, aber die Personengefahr ist wesentlich geringer.

Das Löschgas wird meist flüssig in Gasflaschen bevorratet (Abbildung 30). Beim Austreten geht es dann vom flüssigen in den gasförmigen Aggregatzustand über. Bei Kohlendioxid entsteht dabei eine **Kältetemperatur** von –78 °C; dabei wird die Luft so stark abgekühlt, dass eine extreme Nebelbildung entsteht, die zu erheblichen Sichtbeeinträchtigungen führt. Daneben entsteht durch den Austritt des Löschgases an den Düsen eine Lärmentwicklung, die den Eintritt einer Panik beschleunigen kann.

Kohlendioxid-Löschanlagen wurden früher nach der VdS 2093 errichtet und heute nach der Europanorm CEA 4007. Die Ansteuerung des Gasaustritts passiert immer über eine mit Rauchmeldern ausgestattete Brandmeldeanlage. Die Wände des gefluteten Bereichs müssen feuerbeständig und dicht sein. Aufgrund des zügigen Gaseintritts braucht man auch Überdruck-Entlastungsöffnungen, denn 1 l Flüssiggas kann sich auf ca. 550 l Gas ausweiten! Löschgase sind **geeignet** für den Einsatz in EDV-Bereichen, bei Kabeltrassen, bei Flüssigkeits- und Gasbränden – nicht aber zur Bekämpfung von Glut- und Feststoffbränden wie Papier, Holz oder Kleidung.

7.3.2 Gefahrenklassen

Die DGUV Information 205-026 hat das Ziel, Menschen in Gefahrenbereichen zu schützen, in denen möglicherweise Löschgase in größeren Mengen austreten. Daher müssen gesundheitliche Gefahren – die es ohne den Einsatz der Gaslöschanlage ja gar nicht geben würde – durch bauliche, anlagentechnische und organisatorische Vorsorgemaßnahmen ausgeschlossen werden. Dabei ist auch die Lage des Unternehmens (Senke im Gelände) zu beachten in Verbindung mit der ausgebrachten maximalen Löschgasmenge. Der Personenschutz hat immer Vorrang vor dem Sachwertschutz.

Abb. 30: Bei Gaslöschanlagen dürfen die Gasflaschen in den zu löschenden Räumen aufbewahrt werden, sofern es sich nicht um CO_2 handelt [Friedl]

Unterschiedliche Löschgase enthalten unterschiedliche Gefährdungspotenziale für Menschen. Deshalb werden die Löschgase in vier **Gefahrenklassen** eingeteilt:

- **Klasse I** (O_2-Konzentration ≥ 12 Vol.-%),
- **Klasse II** (O_2-Konzentration ≥ 10 Vol.-%),
- **Klasse III** (O_2-Konzentration ≥ 8 Vol.-%),
- **Klasse IV** (O_2.Konzentration < 8 Vol.-%).

In der Gefahrenklasse I wird durch die Anlage der in der Luft vorhandene Sauerstoff (O_2) von ca. 21 Vol.-% auf ca. 12 Vol.-% abgesenkt. Dadurch entsteht für gesunde Menschen vorerst keine unmittelbare Todesgefahr, aber sie liegt auch nicht bei 0 %. Ab der Gefahrenklasse II wird mit einer realen Gefährdung und dann auch mit dem Tod zu rechnen sein. Je nachdem, wie viel Sauerstoff verdrängt werden muss, kommt ein Löschgas in die entsprechende Gefährdungsklasse (d. h. nicht abhängig von der Art des verwendeten Löschgases, sondern von der verbleibenden Sauerstoffkonzentration). Je höher man in der Einstufung kommt, umso lebensbedrohlicher wird das Löschmittel.

Die möglichen bzw. heute üblichen gasförmigen Löschmittel für Löschanlagen haben folgende Kenndaten und Einstufungen:

Löschmittel	Chemische Formel	NOAEL	LOAEL	LBK
Kohlendioxid	CO_2	5 Vol.-%	5 Vol.-%	5 Vol.-%
Argon	Ar	43 Vol.-%	52 Vol.-%	62 Vol.-%
Stickstoff	N_2	43 Vol.-%	52 Vol.-%	62 Vol.-%
Inergen	$N_2 + Ar + CO_2$ (52 + 40 + 8 %)	43 Vol.-%	52 Vol.-%	62 Vol.-%
Argonit	$Ar + N_2$ (50 + 50 %)	43 Vol.-%	52 Vol.-%	62 Vol.-%
FM 200	C_3HF_7	9 Vol.-%	10,5 Vol.-%	12 Vol.-%
Novec 1230	$CF_3CF_2COCF(CF_3)_2$	10 Vol.-%	–	–

Legende:
NOAEL = höchste Löschgaskonzentration, bei der noch keine gesundheitlichen Beeinträchtigungen festgestellt wurden
LOAEL = niedrigste Löschgaskonzentration, bei der gesundheitliche Beeinträchtigungen festgestellt wurden
LBK = niedrigste Löschgaskonzentration, ab der selbst bei kurzzeitigem Aufenthalt akute Lebensgefahr besteht

Tab. 15: Kenndaten und Einstufungen von Löschmitteln

Argon ist als reines Löschmittel absolut harmlos für Menschen, aber relativ teuer; es darf aufgrund des fehlenden Gefährdungspotenzials deshalb auch im zu flutenden Bereich bevorratet werden, was Raum und damit Geld spart (das ist bei CO_2 nicht erlaubt). **Stickstoff** ist sicherlich gefährlicher als

Argon, aber dennoch nicht als „gefährlich" einzustufen. **Kohlendioxid** ist am preiswertesten, da es sich um ein Abfallprodukt von verschiedenen industriellen Fertigungsverfahren handelt; aber es ist von den genannten Löschmitteln auch das gefährlichste. Wird ein mit CO_2 gefluteter Bereich nicht umgehend verlassen, gelangt zu wenig Sauerstoff ins Blut und damit ins Gehirn; nach 3 Minuten werden körperliche und geistige Schäden zurückbleiben und nach 5 Minuten tritt der Tod ein.

Die anderen oben aufgeführten Löschgase sind ebenfalls deutlich harmloser für Menschen als CO_2. Allerdings ist zu beachten, dass Gaslöschanlagen nicht 2 oder 5 kg Löschmittel ausbringen, sondern 500 kg, 2.000 kg oder noch deutlich größere Mengen. Auch große Mengen an reinem Argon oder Stickstoff würden jetzt aufgrund der sauerstoffverdrängenden Wirkung zur Gefahr für Lebewesen. Wir bewegen uns hier also in einem völlig anderen Gefahrenbereich und somit ist die Gefahr für Menschen (Mitarbeiter, Nachbarschaft, Passanten, Feuerwehrleute) konkret gegeben.

Andere Löschgase (wie früher das übliche **Halon**) basierten dagegen auf einer antikatalytischen Reaktion mit dem positiven Nebeneffekt, dass der Luftsauerstoff nahezu unverändert blieb und somit keine Personengefahr entstand. Doch diese Gase sind extrem schädlich für die Ozonschicht der Erde und deshalb fast weltweit verboten worden – lediglich im militärischen Bereich und in Flugzeugen ist deren Einsatz noch erlaubt.

7.3.3 Schutzmaßnahmen

Als Maßnahmen für den Personenschutz fordert die **DGUV Information 205-026**, dass es mindestens akustische und ggf. auch noch optische **Alarmierungseinrichtungen** gibt – empfehlenswert ist es, immer beides zu realisieren. Damit die akustischen Alarme auch wahrnehmbar sind, müssen sie mindestens 10 dB(A) lauter sein als der übliche Geräuschpegel. Das ist extrem laut, denn eine Erhöhung um 3 dB(A) bedeutet (da Lärm logarithmisch gemessen wird) eine Verdoppelung des Schalldrucks, d. h. bei plus 10 dB(A) wird der Lärm also mehr als dreimal verdoppelt!

Sobald das Löschgas austritt, muss der für das menschliche Ohr hörbare (unangenehme) Lärmpegel der **Alarmglocke** ertönen; dieser darf erst dann abgeschaltet werden, wenn sichergestellt ist, dass keine unbefugten Personen die Löschbereiche bzw. die gefährdeten Bereiche betreten können. Der Energievorrat für die Alarmierung muss mindestens 30 Minuten reichen.

Wichtig ist, dafür zu sorgen, dass von der Löschanlage selbst keine Gefahr ausgeht. Deshalb sind die Leitungen auch sicher zu verlegen und ggf. von

Fachpersonal schweißen zu lassen. Und – jetzt wieder aus der DGUV Information 205-026 zitiert – besonders ist zu vermeiden, dass eine **Zündgefahr** durch elektrostatische Aufladung entsteht. Unter Druck stehendes Löschgas wie CO_2 kann nämlich beim Ausströmen elektrostatisch aufgeladen werden und so eine vorhandene, explosionsfähige Atmosphäre entzünden. Bei Löschanlagen mit CO_2 ist zudem gefordert, dass das Löschgas erst austreten kann, nachdem der Brand von zwei voneinander unabhängigen **Sensoren** erkannt wird; dies ist bei den anderen Löschgasen auch möglich, aber nicht explizit vorgeschrieben. Allerdings können Gefahren nicht nur durch die Löschgase entstehen, sondern auch durch die Behälter, in denen die Löschgase enthalten sind (Druckbehälter) – also sind auch diese im Rahmen der Gefährdungsbeurteilung zu berücksichtigen.

An den **Zugängen** zu den Lösch- und Gefährdungsbereichen muss das **Warnzeichen** „Warnung vor Erstickungsgefahr" vorhanden sein und ein weiteres Schild mit dem Aufdruck „Gas-Löschanlage. Bei Feueralarm oder Zuströmen von Löschgas Raum sofort verlassen! Lebensgefahr!"

Der Unternehmer bzw. der Betreiber muss dafür sorgen, dass Löschanlagen bestimmungsgemäß betrieben werden. Für diese Gaslöschanlagen muss es daher auch eine **Betriebsanleitung** des Errichters geben mit den folgenden Mindestanforderungen:

- in deutscher Sprache verfasst,
- Informationen zur Inbetriebnahme der Anlage,
- Vorgaben zum laufenden Betrieb der Anlage,
- Verhaltensvorgaben bei der Auslösung der Anlage,
- Anweisungen zur Instandhaltung der Anlage,
- Prüfvorgaben zur Anlage,
- Verhaltensvorgaben bei Störungen,
- Informationen zur Außerbetriebnahme der Anlage.

Der Betreiber muss die im Bereich der Löschanlagen anwesenden Mitarbeiter informieren und zwar vor Aufnahme der Arbeit und dann einmal im Jahr, welche **Gefahren** durch die Anlage (respektive das Löschgas) auftreten können und wie man sich verhält, um diese zu vermeiden. Wenn die Anlage beschädigt wird, müssen diese Mängel möglichst umgehend beseitigt werden, damit das hohe brandschutztechnische Niveau wiederhergestellt wird (vgl. § 4 Abs. 1 ArbStättV). Zudem müssen sog. befähigte Personen die ordnungsgemäße Funktion der **Anlage regelmäßig prüfen** und bestätigen; es empfiehlt sich, hier sachverständige Personen vom Hersteller oder Monteur oder auch von einer

Prüfinstitution heranzuziehen und dies nicht durch das eigene Personal vornehmen zu lassen. Diese Empfehlung hat auch haftungsrechtliche Gründe.

- Nach wesentlichen Änderungen der Anlage sowie nach deren Errichtung (also **vor Inbetriebnahme**) sind die Anlagen von sachkundigen Personen zu prüfen, insbesondere bei der Gefährdungsklasse I.
- Der Unternehmer muss die ordnungsgemäße Funktion und somit den sicheren Zustand der Löschanlage bei Gefährdungsklasse II und höher mindestens **einmal im Jahr** durch Sachkundige oder Sachverständige prüfen lassen.
- Die regelmäßige Prüfung der Anlagen hat jedoch **mindestens alle zwei Jahre** durch Sachverständige zu erfolgen.
- Prüfzeugnisse und andere Dokumente, die Anlage betreffend, müssen mindestens 4 Jahre **aufbewahrt** werden.

Wenn die Anlage ausgelöst hat, muss vor Betreten der gefluteten Bereiche sichergestellt sein, dass durch die Rauchgase oder die Löschgase keine Gefahr für die eintretende Personen besteht. Deshalb muss zuvor eine eingehende Überprüfung und **Freigabe** von einer dazu befähigten Person erfolgen; das ist zuverlässig eigentlich nur durch Messung mit Sensoren (z. B. CO_2 und O_2, eine Messung allein gilt nicht als ausreichend) nach ausreichend langer Be- und Entlüftung zu gewährleisten. Zudem ist darauf zu achten, dass die Löschgase nicht unbeabsichtigt in unterirdische Bereiche gelangen.

Da man die Löschgase nicht riechen kann, sie aber eine tödliche Gefahr darstellen, besteht bei unbeabsichtigtem Austritt ohne Alarm ein erhebliches Gefährdungspotential. Um dies zu vermeiden, werden die Löschgase mit einem **Geruchsstoff** versehen, genannt **Odorierung**. Bei Kohlendioxid nimmt man einen starken Zitronengeruch, der so extrem ist, dass jedem auffällt, dass „etwas nicht stimmt". Diese Zuschlagmittel sind nicht schädlich, sie warnen über den Körpersensor „Nase" – wenn die beiden anderen Sensoren (Auge und Ohr) nicht ausgelöst haben. Daher empfiehlt es sich, nicht nur bei Kohlendioxid, sondern auch bei allen anderen Löschgasen einen solchen Geruchsstoff einzusetzen.

7.4 Sonstige Brandverhinderungstechnik

Zur Verfügung stehen zwei Arten von Brandverhinderungstechniken: Einmal wird der Sauerstoff permanent derartig abgesenkt, dass man noch atmen, ein Feuer aber nicht mehr entstehen kann. Die andere Lösung sieht so aus, dass man in einem Raum den Luftdruck auf 50 % reduziert, was ein Feuer schlagartig zum Erlöschen bringt – eine Option, die allerdings nur in eigens dafür vorgesehenen Räumen und auch dann nur unter bestimmten Bedingungen realisiert werden darf. Beide Techniken sind nachfolgend dargestellt.

a) **Brandvermeidungsanlagen**
So werden die Anlagen genannt, die den Sauerstoff in einem Raum von üblicherweise 20,9 Vol.-% auf 15 Vol.-% oder darunter senken; dies geschieht, indem Stickstoff (N_2) eingeblasen wird. Man nimmt – und das ist der Unterschied zu den Gaslöschanlagen (Kapitel 6.4) – den Sauerstoff also **permanent** weg und nicht erst im Brandfall (wie durch das Zugeben eines Löschgases). Die Sauerstoffreduzierung auf 15 % ist für Menschen unschädlich, wenn sie dort nicht regelmäßig arbeiten und dies auch nicht länger als maximal 5 Stunden pro Tag. Diese Technik eignet sich also beispielsweise für EDV- und Technikräume. Alle dort beschäftigten Personen benötigen eine arbeitsmedizinische Vorsorgeuntersuchung nach G 26.1.
Sauerstoffreduzierungsanlagen machen Brandlöschanlagen überflüssig, aber es kann immer noch zu Schmorbränden kommen; daher sind Rauchmelder eine sinnvolle Ergänzung. Üblicherweise muss ein Raum für diese Technik konzipiert sein. Der Zugang darf nur über eine Schleuse gehen, die Bereiche dürfen im Brandfall nicht automatisch entraucht werden und die Belüftungsanlage darf nicht auf Zuluft, sondern muss mit Umluft funktionieren. Zudem müssen alle Fenster und Türen, aber auch die Wände wirklich dicht sein und man darf die Fenster nicht öffnen können. Das heißt, die Gebäude müssen dafür vorgesehen sein, die dort arbeitenden Personen müssen medizinisch untersucht sein und folgende zwei Punkte sind noch zu beachten: Erstens honorieren die Feuerversicherungen diese Technik nicht in der Prämienfestsetzung und zweitens sind die Kosten durch Anschaffung und Unterhalt nicht zu unterschätzen. Dadurch, dass die Technik weder gesetzlich noch behördlich gefordert ist, wird sie fakultativ und man soll sich gut überlegen, ob man sie einsetzen will – bei Hochsicherheitsbereichen kann es Sinn machen.

b) **Unterdrucktechnik**
Dieses im Jahr 2015 neu entwickelte Löschverfahren wird auch Vakuum-Feuerlöschverfahren genannt. Dem Feuer wird durch die **Luftdrucksenkung** sehr schnell der nötige Sauerstoff entzogen, aber man kann in diesem Raum noch atmen. Die Gebäude, insbesondere die Wände, Decken, Fenster und Türen müssen die Druckreduzierung aushalten können. Denn bei einem Entstehungsbrand wird 50 % der Luft und damit 50 % des Luftdrucks (ca. 1.000 hPa gelten als normal bzw. üblich) entfernt. Das ent-

spricht einem Aufenthalt in ca. 6.000 Höhenmetern. Diese Technik ist sehr gut für Schaltschränke, Serverracks und EDV-Räume geeignet, ebenso lassen sich auch große Raumvolumina (z.B. Hochregallager) löschen oder auch eine Gasturbine. Positiv ist, dass dieses System ungefährlich ist und keinerlei Schäden hinterlässt. Dieses Verfahren wird und muss in den nächsten Jahren aber seine Alltagstauglichkeit noch belegen, um seinen Platz in der Brandschutztechnik einzunehmen. Auch müssen die Gebäude (Wände, Fenster, Türen) dieser Technik entsprechend ausgelegt werden.

7.5 Rauch- und Wärmeabzugsgeräte (Entrauchungsanlagen)

Entrauchungsanlagen sind baurechtlich grundsätzlich gefordert. Diese Anlagen wurden früher mit **RWA**-Anlagen (**R**auch- und **W**ärmeabzugs**a**nlagen) und heute mit **MRWG** (= **M**aschinelles **R**auch- und **W**ärmeabzugs**g**erät) oder **NRWG** (= **N**atürliches **R**auch- und **W**ärmeabzugs**g**erät) abgekürzt. Diese werden immer alternativ, nie additiv in einem Bereich eingesetzt – weil sie sich gegenseitig behindern könnten. „Maschinell" bedeutet, dass mit einem hitzebeständigen Ventilator ausreichend viel Luft (respektive Rauchgase, Pyrolysegase) aus dem Brandbereich gesaugt wird. „Natürlich" bedeutet, dass man den Brandrauch auf natürliche Art und Weise aus dem Bereich ins Freie abgibt, also indem man bauliche Öffnungen wie Fenster, Oberlichte oder Zuluftöffnungen freigibt, wie die nachfolgende Abbildung zeigt.

Abb. 31: Natürliche Entrauchungsöffnung im Flachdach mit Schutzgitter [Friedl]

Geht das aus baulichen Gründen nicht, so sind Entrauchungsanlagen zu installieren, denn grundsätzlich muss jeder ober- oder unterirdische Bereich entrauchbar sein (Abbildung 32). So müssen auch Tiefgaragen und Keller-Lagerbereiche entraucht werden können. Die Rauchgase müssen an einer nicht gefährlichen Stelle abgegeben werden (beispielsweise bei Kaufhäusern, die sich in Fußgängerzonen befinden, muss das über das Dach geschehen). Diese „Rauchkamine", meist durch das Gebäude gezogen, müssen demzufolge feuerbeständig ummantelt sein; Brandschutzklappen wie in Lüftungsanlagen üblich dürfen dort verständlicherweise nicht eingebaut sein.

Bei der Planung von **Industriehallen** wird man ca. 2 % der Hallenfläche als Entrauchungsöffnung kalkulieren, bei einer komplett gesprinklerten Halle 75 % weniger, also 0,5 % der Hallenfläche. Entrauchungsanlagen sollten so eingestellt sein, dass sie automatisch und frühzeitig öffnen. Dabei ist zu beachten, dass bei Oberlichtern in Flachdächern bei Fehlauslösungen sowohl Regenwasser als auch Einbrecher eindringen können – auch hier sind spezielle Präventionsmaßnahmen möglich (Vergitterung, Alarmierung einer schnell vor Ort befindlichen Person). In **Kellerbereichen** sind üblicherweise 0,5 % (die Baubehörde München erlaubt z. B. 0,25 %) der Grundfläche als Entrauchungsfläche vorzusehen. Entrauchungsflächen in Kellergeschossen sind meist Fensterschächte. Während oder nach einem Brand werden diese geöffnet und ein mobil aufstellbares Druckgebläse der Feuerwehr (sog.

Abb. 32: Maschinelle Entrauchungsanlage in einem unterirdischen Bereich [Friedl]

Abb. 33: Mobiles Belüftungsgerät (Druckbelüfter) [Ziegler]

Druckbelüfter) bläst Frischluft ein, wodurch der Brandrauch zügig herausgedrückt wird (Abbildung 33).

Die Entrauchungsanlagen müssen manuell oder automatisch durch **Rauch- oder Wärmemelder** auslösbar sein. Die Auslösetemperatur der Sprinkleranlage ist auf circa 68 °C eingestellt (d. h. rote Flüssigkeit in den Platzgefäßen), die RWA-Auslösetemperatur stellt man heute etwas darunterliegend ein. Dadurch werden Hitze, Pyrolysegase und tödliche Rauchgase schneller aus dem Gebäude geleitet und die Sprinkleranlage wird noch zügiger ausgelöst. Nachfolgend ist eine solche Sprinklerdüse exemplarisch dargestellt.

Bei der Konzeptionierung der Gebäudetechnik eines **Neubaus** kann man eine Entrauchungsanlage so dimensionieren, dass sie im Normalfall (d. h. es brennt nicht) der Be- und Entlüftung und im Brandfall der Entrauchung dient. Der umgekehrte Weg funktioniert allerdings nicht: Üblicherweise lassen sich normale Be- und Entlüftungsanlagen nicht zur Entrauchung einsetzen, denn diese Anlagen (Ventilatoren Blechverkleidung, Elektromotoren) müssen Temperaturen von bis zu 300 °C, meist über einen Zeitraum von mindestens 60 Minuten, aushalten.

7.6 Kontrollfragen

Zur Überprüfung folgen vier Fragen zum Thema „Anlagentechnischer Brandschutz" (die Antworten finden sich am Ende des Buchs).

Kontrollfragen

1. **In welchen Bereichen braucht man eine trockene Sprinkleranlage?**
   a) In Bereichen, die über 100 °C heiß werden können, z. B. in Saunen.
   b) In Bereichen, wo es unter 0 °C kalt werden kann, z. B. auf Rampen im Freien.
   c) In Bereichen, wo es über 50 °C heiß werden kann.
   d) Solche Anlagen sind seit der DIN EN 2 nicht mehr gefordert.
   e) In üblichen Produktions- und Lagerräumen.
   f) Diese Anlagen werden heute in EDV-Bereichen eingebaut.

2. **Eine Sprinkleranlage hat rote Platzgefäße; bei welcher Temperatur lösen diese aus?**
   a) Ab ca. 68 °C Umgebungstemperatur.
   b) Ab ca. 68 °C Temperatur der roten Flüssigkeit.
   c) Bei ca. 58 °C.
   d) Bei starker Rauchentwicklung.
   e) Bei ca. 140 °C Temperatur des Sprinklerkopfs.
   f) Ab ca. 500 W/m^2 Wärmestrahlung.

▷

Kontrollfragen (Fortsetzung)

3. Welche zwei grundlegenden Entrauchungsarten gibt es?

a) Fenster in der Wand und Oberlichte in der Decke.
b) Natürliche Entrauchung und maschinelle Entrauchung.
c) Manuelle Entrauchung und automatische Entrauchung.
d) Unterdruckentrauchung und Überdruckentrauchung.
e) Rauchgasansaugsysteme und Ansaugrauchmelder.
f) Einblasentrauchung und automatisch öffnende Fenster.

4. In einem großen Gefahrstofflager gibt es eine Boden-Beschäumungsanlage und eine CO_2-Gaslöschanlage für den Raum. Wie beurteilen Sie dies?

a) Das Gefahrenmoment wird korrekt abgedeckt.
b) Eine der beiden Anlagen reicht aus.
c) Eine vorgesteuerte Sprinkleranlage ist jeder anderen Technik vorzuziehen.
d) Brandlöschanlagen können Elektrostatik erzeugen und damit Brände und Explosionen auslösen – deshalb wird hier überhaupt keine Löschanlage installiert
e) Eine CO-Löschanlage wäre sinnvoller.
f) Wenn Kosten keine Rolle spielen, wäre eine ABC-Pulverlöschanlage am sichersten.

8 Handbetätigte Geräte zur Brandbekämpfung

Prüfungsrelevanz

Das Thema **handbetätigte Geräte zur Brandbekämpfung** ist der entscheidende Faktor beim kurativen Brandschutz – also wenn die Prävention versagt hat. Denn der richtige Einsatz von Feuerlöschern ist in der Praxis von erheblicher Bedeutung bei der Brandbekämpfung sowie der Schadenminimierung und sollte daher nicht nur von den Brandschutzbeauftragten sicher beherrscht werden.

Feuerlöscher und Wandhydranten sind manuell anzuwendende **Löscheinrichtungen**. Sie werden durch das Baurecht, die Arbeitsstättenverordnung und privatrechtlich von den Feuerversicherungen gefordert. Sie sind vorzugsweise so zu platzieren, dass Brand- und Rauchschutztüren nicht behindert bzw. blockiert werden.

8.1 Handfeuerlöscher

Die Arbeitsstättenverordnung fordert für Arbeitsstätten das Vorhandensein von **Handfeuerlöschern**, die Technische Regel für Arbeitsstätten A2.2 nennt Arten und Mengen. Wichtig ist für Brandschutzbeauftragte zu wissen und zu verstehen, dass der Vorläufer der ASR A2.2 (BGR 133) „Ausrüstung mit Handfeuerlöschern" hieß und die ASR A2.2 eben „Maßnahmen gegen Brände" heißt; somit sind heute deutlich mehr Maßnahmen gefordert, als lediglich qualitativ und quantitativ die richtigen Löschgeräte auszuwählen. Auch die gewerblichen und industriellen Feuerversicherungen fordern Handfeuerlöscher, nicht aber die privaten Wohngebäudeversicherungen oder Hausratversicherungen. In der DIN-Norm DIN EN 3 wird geregelt, wie Handfeuerlöscher in der EU aufgebaut sein müssen und wie schwer sie maximal sein dürfen. Folgendes muss mindestens auf Handfeuerlöschern stehen:

- der **Begriff** „Feuerlöscher" oder „Handfeuerlöscher",
- der **Typ** und die **Nennfüllung,**
- Angaben zur **Leistungsklasse**,
- bildliche **Bedienungsanleitung**,
- Piktogramm(e) der **Brandklasse**(n) A, B, C, D, (E), F,
- **Gefahrenhinweise** bezüglich der Giftigkeit (Toxizität),
- Einsatzbegrenzungen hinsichtlich **Strom** (meist max. 1.000 Volt),
- Angabe, dass jeder Löscher nach seiner Aktivierung **neu gefüllt** werden muss,
- Angaben zur **Prüffrist**,
- Angaben über das **Füllmittel**,

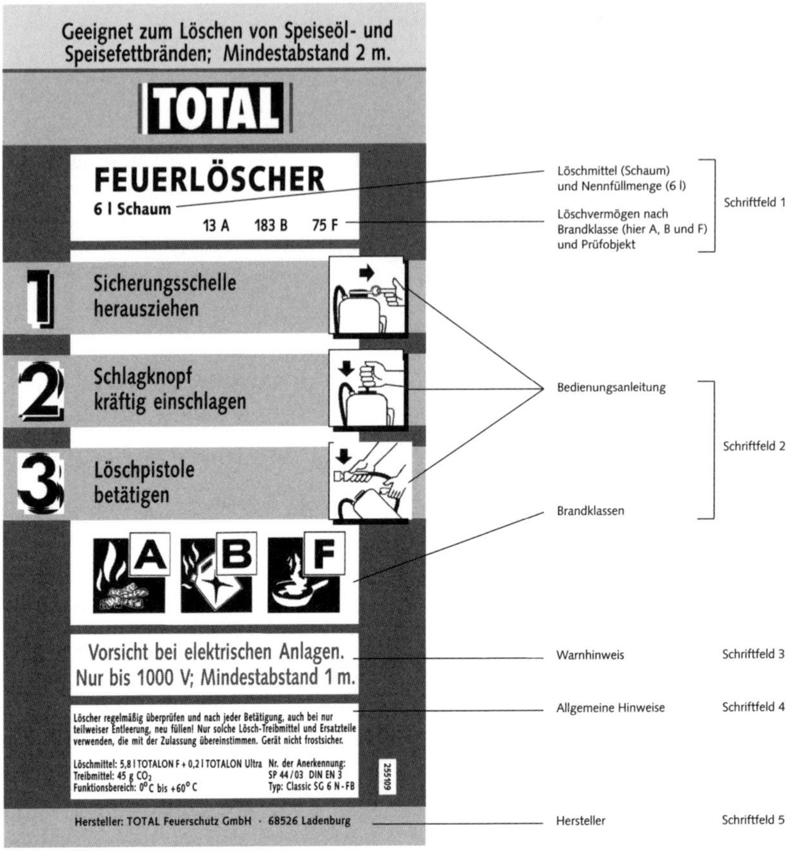

Abb. 34: Beschriftung von Feuerlöschern nach DIN EN 3 [Total]

- Herstellername und **Herstelleranschrift**,
- Name des **Prüfers**,
- **Baujahr**,
- **Datum** der letzten Löscher- und Behälter-Druckprüfung.

In technischer Hinsicht gibt es die

- **Dauerdruck-Handfeuerlöscher** sowie
- **Auflade-Handfeuerlöscher**.

Die Dauerdrucklöscher sind preiswerter in der Anschaffung, dafür im Unterhalt (Prüfung) deutlich aufwändiger, außerdem sind sie unter Umständen etwas minderwertiger und damit weniger zuverlässig. Man sollte also für Unternehmen die hochwertigeren Aufladelöscher wählen. Diese haben eine CO_2-

Patrone zur Druckerzeugung, die erst aktiviert wird, wenn der Löscher eingesetzt werden soll. Erst dann steht der Handfeuerlöscher unter dem Druck von bis zu 15 bar. Der Dauerdruck-Feuerlöscher indes steht ständig unter dem nötigen Druck von 12–15 bar, er ist allein dadurch gefährlicher, aber schneller einsatzbereit. Beide Arten müssen rot lackiert sein. Daneben gibt es **fahrbare Feuerlöscher** mit Wasser, Schaum, ABC-Pulver oder Kohlendioxid, die meist 30, 50 oder 70 kg Löschmittel mit sich führen. Der große Vorteil bei diesen ist, dass man aus größerer Entfernung und deutlich länger löschen kann.

Die auf dem Feuerlöscher abgedruckten **Brandklassen** A, B, C, D, ggf. E und F bedeuten:

- **A,** Feste Stoffe, die glutbildend sind (Holz, Papier, einige Kunststoffe),
- **B,** Flüssige und flüssig werdende Stoffe (Benzin, Alkohol, Öl/Fett, einige Kunststoffe),
- **C,** Gasförmige brennbare Stoffe (Methan, Propan, Butan, Wasserstoff, Acetylen),
- **D,** Brennbare Metalle (Aluminium, Magnesium, Lithium, Natrium, Kalium),
- **(E)**, Elektrische Geräte (nicht mehr genormt in Deutschland seit 1978, da alle im Handel erhältlichen Handfeuerlöscher bis 1.000 Volt sicher für Personen sein müssen),
- **F,** Fettbrände (Küchen: Fritteusen, Pfannen und warme/heiße Speisefette).

Durch diese Einteilung ist es möglich, dem jeweils brennenden Stoff das entsprechende Löschmittel zuzuordnen. Noch ein Hinweis: Laut einer Empfehlung des Ausschusses für Arbeitsstätten (ASTA) beim Bundesministerium für Arbeit und Soziales vom 12.09.2022, nachzulesen unter www.baua.de/asta, können bei der Berechnung von Qualität und Quantität der Handfeuerlöscher auch **Feuerlöschsprays** mit mindestens 2 LE Löschleistung berücksichtigt werden. Es empfehlen sich AF- oder ABF-Löschdosen, die bis 1.000 Volt einsetzbar und nach DIN EN 16856 gefertigt sind.

8.1.1 Löschmittel

Dauerdruck-Handfeuerlöscher (Abbildung 35), Auflade-Handfeuerlöscher (Abbildung 36) sowie fahrbare Feuerlöscher enthalten eines der folgenden **Löschmittel**:

- **Wasser** (mit oder ohne Zusatz), für Feststoffbrände,
- **ABF-Löschmittel**, für die Brandgefahr von Speisefetten (Fettbrandlöscher),
- **Schaum**, für brennende feste und flüssige Stoffe (bei brennbaren Metallen wäre es explosiv; bitte beachten Sie, dass es 2023 oder später eine

Abb. 35 und 36: Dauerdruck-Pulverlöscher links sowie Auflade-Wasserlöscher mit innenliegendem Treibgasbehälter rechts [Total]

Abb. 37 und 38: Links Auflade-Löscher mit außenliegendem Treibgasbgehälter [Gloria] sowie Kohlendioxid-Löscher rechts [Minimax]

Veränderung in der Erlaubnis von heute noch handelsüblichen Schäumen gibt – Näheres ist leider, Stand April 2023, noch nicht in Erfahrung zu bringen),

- **Verschiedene Pulverarten**, für feste, flüssige und gasförmige Stoffe (ABC, BC, D),
- **Kohlendioxid (CO_2)**, für Brände von EDV-Anlagen und strombetriebenen Geräten,
- **Halon** (verboten außerhalb der Bereiche Bundeswehr und öffentliche Flugzeuge).

Bestimmte Löschmittel können auch **gefährlich** werden: Wasser in Fritteusen wäre ggf. tödlich (!), CO_2 bei direktem und längerem Kontakt auf die blanke Haut oder in Nase/Mund ebenfalls. Darüber hinaus wäre CO_2 bei Feststoff- und Fritteusenbränden uneffektiv, und das Löschmittel BC-Löschpulver wäre bei A-Bränden ebenfalls unbrauchbar. Bei Metallbränden wären Wasser, ABC-Pulver, BC-Pulver, Fettbrandlöschmittel, Schaum oder CO_2 ggf. tödlich. Gefahren für Menschen durch Löschmittel können zusammengefasst also entstehen:

- durch Wasser, Pulver, Schaum oder CO_2 auf Metallen,
- durch Sichtbehinderung beim Einsatz von Löschpulver,
- durch Wasser in brennenden Speisefetten (Abbildungen 39, 40, 41),
- durch CO_2 in engen Räumen (Fläche, nicht Höhe ist relevant: 1 kg je 5,5 m^2 i. O.),
- durch Ersticken, ausgelöst durch Rauchgase und Pulver/CO_2,

Heute gibt es auch **Sonderlöschmittel** wie z. B. Glaskugeln zur Brandbekämpfung von Lithium-Ionen-Batteriebränden – diese Technik hat noch keinen Einzug in die Gesetzgebung gefunden, ist jedoch dennoch grundsätzlich empfehlenswert, für derartige Brände. Das Löschen von Fritteusenbränden mit **Löschdecken** ist nach den bisherigen Erfahrungen nicht mehr zugelassen, weil dies mit einem unvertretbaren Verbrennungsrisiko verbunden ist (Mitteilung Nr. 9.14 der Berufsgenossenschaft für Nahrungsmittel und Gaststätten – BGN aus dem Jahr 2000). Daher sind bei Fritteusenbränden seit dem Jahr 2000 nur noch F-Löscher einzusetzen.

Wichtig ist noch darauf hinzuweisen, dass das Löschmittel **ABC-Pulver** ein hochkorrosives Salz enthält, das mit der in der Luft enthaltenen Feuchtigkeit zu großen **Korrosionen** an Elektrik und Elektronik führen kann. Diese Schadensvergrößerungen werden zunehmend von den Feuerversicherungen nicht mehr beglichen. Die Begründung ist ebenso einfach wie einleuchtend: Die Abwehr eines Schadens muss in Relation zur Bedrohung stehen, und

Abb. 39, 40 und 41: Brennende Fritteuse, in die ca. 0,2 Liter Wasser geschüttet wurde, was zur schlagartigen Explosion des durch das Verdunsten des Wassers herausgeschleuderten Fettes führt [Friedl]

wenn das Löschmittel ABC-Pulver 95 % des entstandenen Schadens anrichtet, der Feuerschaden aber lediglich 5 % ausgemacht hätte, werden von der Versicherung auch nur 5 % des Schadens als Ersatz angeboten. Die **Folgeschäden von Löschmitteln** (insbesondere die von ABC-Pulver, ggf. auch von Wasser) für Gegenstände durch Löschmittel sind also zu berücksichtigen:

- Wasser soll als Sprühstrahl, nicht als Vollstrahl verwendet werden,
- ggf. Gasbrände brennen lassen (verhindert ggf. eine Explosion),
- möglichst kein ABC-Pulver in Büros, Küchen und EDV-Bereichen einsetzen,
- kein Pulver in Garagen (Schaum),
- CO_2 für Gerätebrände,
- kein Löscherfolg (CO_2 bei Fetten).

8.1.2 Standorte und Bedienung

Die DGUV Vorschrift 1 fordert, dass der Unternehmer eine **„ausreichende Anzahl"** seiner Mitarbeiter durch Unterweisung und Übung im **Umgang mit Feuerlöscheinrichtungen** vertraut macht. Die Unterweisung wird **dokumentiert**. Wichtig dabei ist zu vermitteln, dass Handfeuerlöscher nur für Entstehungsbrände gedacht sind und nur als Ersthilfemaßnahme fungieren. Zu bevorzugen sind Feuerlöscher mit geringem Gewicht (< 10/12 kg); dies hat den Vorteil, dass auch schwächere Personen die Feuerlöscher besser bzw. überhaupt bedienen können. Jeder in der anwesenden Belegschaft muss im Umgang mit Feuerlöschern vertraut gemacht werden; 95 % sind dabei theoretisch zu unterweisen und ≥ 5 %

Abb. 42 und 43: Löschen mit Metallbrandpulver, links falsch, da mit Druck aufgebracht; rechts richtig, da drucklos [Total]

auch praktisch nach ASR A2.2. Wenn man zwei Löscher gleichzeitig einsetzt, ist das deutlich effektiver als sie hintereinander einzusetzen. Auch haben die Löscher eine Einsatzdauer von nur wenigen Sekunden, d. h. es ist effektiv und überlegt mit der geringen Löschmittelmenge umzugehen. Aus Eigenschutzgründen empfiehlt es sich, einen **Mindestabstand** zum Feuer einzuhalten (≥ 1 m). Feuerlöscher indes sind nach vielleicht 15 oder 30 Sekunden leer – oftmals gehen die löschenden Personen dann zu nahe heran und machen den Fehler, das Brandgut im Raum zu verteilen, anstatt es zu löschen.

Bei der Gefahr von **Metallbränden** muss man nachweislich alle dort Beschäftigten schulen, dass ausschließlich D-Pulver verwendet und drucklos eingesetzt werden darf (Abbildungen 42 und 43). Der richtige Einsatz von Feuerlöschern ist in der nachfolgenden Abbildung 44 dargestellt.

Handfeuerlöscher müssen gut **sichtbar angebracht** werden, andernfalls muss der Weg zu ihnen entsprechend ausgeschildert sein. Die Löscher müssen leicht erreichbar in einer Griffhöhe von 80 cm bis 1,2 m in Fluchtwegen, in den Ausgängen oder an Kreuzungspunkten angebracht sein. Innerhalb eines Bereichs muss es Feuerlöscher mit **gleicher** Funktionsweise geben. Die Feuerlöscher müssen vor möglichen Beschädigungen (z. B. Chemikalien, Hitze, Staub, Kälte, Anfahren) geschützt sein. Die Standorte der Löscher sind in den Flucht- und Rettungsplan aufzunehmen.

Neu in der ASR A2.2 ist, dass die **Entfernung zum nächsten Handfeuerlöscher** von jedem Arbeitsplatz aus horizontal gemessen nur noch 20 m effektive Lauflänge betragen darf. Je Geschoss muss es mindestens einen Handfeuerlöscher geben. Es macht Sinn, an besonders gefährlichen Anlagen zusätzliche kleinere Handfeuerlöscher oder auch Löschspraydosen anzubringen (was mittlerweile ausdrücklich erlaubt ist lt. ASR A2.2), z. B. auch Kohlendioxidlöscher mit lediglich 2 kg Löschgas. Im Brandfall zählt jede Sekunde, daher kann es wesentlich effektiver sein, 10 Sekunden nach Brandausbruch 2 kg Löschgas oder 400 ml aus

Abb. 44: Der richtige Einsatz von Feuerlöschern [Gloria]

Brandklasseneinteilung

nach EN 2

Zeichenerklärung: ● geeignet und zugelassen

	Brandklasse					
		Brände fester Stoffe, hauptsächlich organischer Natur, die normalerweise unter Glutbildung verbrennen, z.B. Autoreifen, Heu, Holz, Kohle, Papier, Stroh, Textilien	**Brände von flüssigen oder flüssig werdenden Stoffen,** z.B. Äther, Alkohol, Benzin, Benzol, Fette, Harz, Kunststoffe, Lacke, Öle, Paraffin, Stearin, Teer, Wachs	**Brände von Gasen,** z.B. Acetylen, Butan, Erdgas, Methan, Propan, Stadtgas, Wasserstoff	**Brände von Metallen,** z.B. Aluminium, Kalium und deren Legierungen, Lithium, Magnesium, Natrium	**Brände von Speiseölen und Speisefetten** (siehe DIN V 14406-5)
Pulverlöscher mit Glutbrandpulver	PG	●	●	●		
Pulverlöscher mit Metallbrandpulver	PM				●	
Pulverlöscher mit Spezialpulver	P		●	●		
Kohlendioxid-Löscher (CO_2)	K		●			
Wasserlöscher	W	●				
Fettbrandlöscher mit Spezial-Flüssiglöschmittel	F	●	●			●
Schaumlöscher	S	●	●			

Feuerlöscher müssen nach dem Brandeinsatz oder nach unbeabsichtigter Betätigung auf jeden Fall nach spätestens zwei Jahren z.B. durch den autorisierten GLORIA Kundendienst instand gehalten und wieder einsatzbereit gemacht werden. Bei gewerblicher Nutzung ist die regelmäßige Instandhaltung nach spätestens zwei Jahren – auch bei Nichtverwendung – nach DIN 14406, Teil 4 vorgeschrieben.

Abb. 45: Bildzeichen der Brandklassen gemäß DIN EN 2 [Gloria]

einer Sprühdose auf das Feuer zu spritzen als 40 Sekunden später 6 kg oder 6 l aufzubringen. Sind in einer Etage mehrere Unternehmen, dürfen diese die nötigen Handfeuerlöscher gemeinsam im Flur haben – das heißt faktisch, man braucht bei zwei gleich großen Unternehmen somit 50 % weniger Löscher.

Es ist abzusehen, dass die Neufassung der ASR A2.2 auch den Einsatz von Löschsprühdosen in irgendeiner Form erlauben wird. Anzumerken ist, dass dies heute schon möglich ist – allerdings dürfen die durch diese Löscheinrichtungen erzielten Löschleistungen (LE) noch nicht zur benötigten Gesamtzahl der LE zugezählt werden. Weiter ist zu beachten, dass derartig kleine Löschhilfen (die vor Ort eine großartige Unterstützung sein können!) nicht selten entwendet werden, um sie privat zu nutzen. Bei Löschspraydosen gibt es den Vorteil, dass die Anwendung deutlich einfacher und weniger beängstigend ist als bei Handfeuerlöschern; hinzu kommt, dass der Einsatz, sofern die Dosen gleich neben dem Arbeitsplatz stehen (etwa eine ABF-Dose neben der Fritteuse oder Pfanne), sicher sowie schnell und erfolgreich erfolgt.

Die vorstehende Abbildung zeigt, welche Löschmittel für welche Bereiche geeignet und dementsprechend zugelassen sind. Für die **Platzierung** von Handfeuerlöschern gilt:

- gut sichtbar anbringen,
- Erreichbarkeit gewährleisten: tatsächliche Lauflänge: ≤ 20 m,
- ggf. mit Fahnen- oder Winkelschildern anzeigen:
  - Fluchtwege,
  - Ausgänge,
  - Treppenraumzugänge,
  - Kreuzungspunkte;
- Griffhöhe 80 cm (≤ 1,20 m),
- Kennzeichnung jedes Löschers lt. ASR A1.3,
- Standort ggf. mit weißrotem Pfeil angeben,
- auch Wandhydranten ausschildern,
- lang nachleuchtende Schilder (DIN EN ISO 7010) verwenden.

8.1.3 Löschmitteleinheiten

Auf jedem Handfeuerlöscher ist vor der Brandklasse (A und ggf. auch B) eine **Ziffer** aufgedruckt. Diese Zahl ist durch die nachfolgende Tabelle 16 in **Löschmitteleinheiten** (LE) umzurechnen. Anhand dieser Maßeinheit kann die **Löschleistung** verschiedener Feuerlöscher verglichen werden.

LE	Feuerlöscher nach DIN EN 3 „A"	Feuerlöscher nach DIN EN 3, „B"
1	5 A	21 B
2	8 A	34 B
3	–	55 B
4	13 A	70 B
5	–	89 B
6	21 A	113 B
9	27 A	144 B
10	34 A	–
12	43 A	183 B
15	55 A	233

Tab. 16: Übersicht Löschmitteleinheiten nach DIN EN 3

Die Löschvermögen der Handfeuerlöscher dürfen nicht addiert werden, wohl aber die den Löschern zugesprochenen Löschmitteleinheiten (also z. B. 6 LE + 10 LE = 16 LE). Ab 6 LE erlaubt die ASR 2.2 eine Anerkennung. Die mindestens nötigen Löschmitteleinheiten, abhängig von der **Grundfläche**, sind der nachfolgenden Tabelle 17 zu entnehmen. Bei Gasen (also „C") gibt es keine Löschmitteleinheit, die es zu erfüllen gilt – es gibt lediglich die Einstufung „geeignet für Gasbrände".

Grundfläche	Löschmitteleinheiten
≤ 50 m^2	6 LE
≤ 100 m^2	9 LE
≤ 200 m^2	12 LE
≤ 300 m^2	15 LE
≤ 400 m^2	18 LE
≤ 500 m^2	21 LE
≤ 600 m^2	24 LE
≤ 700 m^2	27 LE
≤ 800 m^2	30 LE
≤ 900 m^2	33 LE
≤ 1.000 m^2	36 LE
Je weitere 250 m^2	+ 6 LE

Tab. 17: Löschmitteleinheiten abhängig von der Grundfläche

Für **Handfeuerlöscher** ergibt sich damit eine geforderte **Grundausstattung** von mindestens einem Handfeuerlöscher mit **nicht weniger als 6 LE**. Jedoch können gemäß der ASR A2.2 für die Grundausstattung auch Feuerlöscher, die jeweils nur über 2 Löschmitteleinheiten (LE) verfügen, angerechnet werden, wenn die folgenden fünf Punkte alle erfüllt sind:

- Es besteht normale und nicht erhöhte Brandgefahr,
- die Löschleistung beträgt mindestens 2 LE,
- sich hierdurch eine Vereinfachung in der Bedienung ergibt, z. B. durch mindestens 25 % Gewichtseinsparung je Feuerlöscher,
- die Zugriffszeit, z. B. durch Halbierung der maximalen Entfernung zum nächstgelegenen Feuerlöscher reduziert wird (≤ 10 m anstatt ≤ 20 m) und
- die Anzahl der Brandschutzhelfer verdoppelt wird (≥ 10 % anstatt ≥ 5 %).

Die ASR geht dabei von einer **„normalen" Brandgefährdung** aus, wenn die Wahrscheinlichkeit einer Brandentstehung, die Geschwindigkeit der Brandausbreitung, die dabei freiwerdenden Stoffe und die damit verbundene Gefährdung für Personen, Umwelt und Sachwerten vergleichbar ist mit den Bedingungen bei einer Büronutzung.

Liegen Arbeitsstätten mit **„erhöhter" Brandgefährdung** vor, können ggf. weitere Maßnahmen wie eine Erhöhung der Anzahl der Feuerlöscher, das Vorhandensein von fahrbaren Löschern, einer Löschanlage oder einer Brandmeldeanlage erforderlich sein. Ob dies der Fall ist, hat eine Gefährdungsbeurteilung zu ergeben. Die ASR A2.2 verweist hierzu auf die TRGS 400 (Gefährdungsbeurteilung für Tätigkeiten mit Gefahrstoffen) sowie die TRGS 800 (Brandschutzmaßnahmen). Die ASR A2.2 selbst spricht von **„erhöhter" Gefahr** bei der Anwesenheit von Stoffen mit hoher Entzündbarkeit, bei brandfördernden Stoffen, bei günstiger Brandentstehung oder schneller Brandausbreitung und bei feuergefährlichen Arbeiten, darüber hinaus bei der Gefahr der Selbstentzündung sowie den Brandklassen D und F oder wenn brennbare Stäube oder brennbare Flüssigkeiten und Gase vorhanden sind.

Kommt man zu dem Ergebnis, dass eine „erhöhte" Brandgefahr vorliegt, sind **zusätzliche Brandschutzmaßnahmen** nötig (früher lediglich mehr Feuerlöscher). Als zusätzliche Maßnahmen kommen in Betracht:

- Mindestqualifizierung des Personals (s. u.),
- Alleinarbeitsplätze möglichst vermeiden,
- zweiten Fluchtweg baulich geben,
- feuerbeständige Wände, T 30-Tür einsetzen,
- Brandlastminimierung vorantreiben,

- F-90-Gefahrstoffschränke verwenden,
- Notbeleuchtung installieren,
- Brandmeldeanlage installieren,
- Anzahl der Handfeuerlöscher erhöhen,
- für gleichmäßige Verteilung der Feuerlöscher sorgen oder zentralisierte Verteilung sicherstellen,
- Anzahl der Brandschutzhelfer erhöhen (≥ 10 % anstatt ≥ 5 %),
- für eine intensivere Unterweisung der Brandschutzhelfer sorgen,
- zusätzliche Feuerlöscheinrichtungen bereitstellen: fahrbare Löscher, Wandhydranten, F-Löscher, CO_2-Löscher,
- Brandschutzmaßnahmen lt. TRGS 800 bei Tätigkeiten mit Gefahrstoffen einhalten,
- für verkürzte Wege (< 20 m, 5–10 m) sorgen,
- trockene oder nasse Steigleitung installieren,
- bei automatischer Raum- oder Objektlöschanlage beachten:
  - zu hohe Eigengefährdung,
  - Raum im Brandfall nicht mehr betretbar,
  - zu schnelle Brandausbreitung.

Diese Auflistung verschiedenartiger Brandschutzmaßnahmen ist für Brandschutzbeauftragte besonders hilfreich, weil sie sich somit konkret informieren und gut absichern können. Die ASR A2.2 fordert als **organisatorische Maßnahmen** präventive und kurative (also schadensmindernde) Brandschutzmaßnahmen zu ergreifen, Aushänge (= Brandschutzordnung, Teil A der DIN 14096) und Brandschutzordnungen (= Teil B lt. DIN 14096) zu erstellen sowie Verhaltensregeln im Brandfall zu dokumentieren (= Teil der Brandschutzordnung lt. DIN 14096). Eine erhöhte Brandgefährdung macht zudem die Bestellung eines **Brandschutzbeauftragten** nötig. Darüber hinaus muss es **Brandschutzhelfer** geben, und zwar „ausreichend" viele. Das sind bei normaler Brandgefährdung 5 % der anwesenden Mitarbeiter. Bei erhöhter Brandgefährdung wird ggf. die Bestellung von mehr als 5 % Brandschutzhelfer nötig (vgl. Kapitel 9.4). Darüber hinaus ist eine **Brandschutzunterweisung** der Mitarbeiter erforderlich. Hierbei gilt:

- Unterweisung vor Aufnahme der Tätigkeit,
- Unterweisung bei Veränderung des Tätigkeitsbereichs,
- Unterweisung wiederholen (≤ 1 Jahr),
- präventives und kuratives Verhalten schulen,
- Unterweisung dokumentieren.

Erhöhte Gefährdung (Verkauf, Handel, Lager)	**Erhöhte Brandgefährdung in Dienstleistung**
■ Leichtentzündliche Stoffe ■ Leichtentflammbare Stoffe ■ Recyclingmaterial ■ Sekundärbrennstoffe ■ Speditionslager ■ Lacklager ■ Lösemittel ■ Altpapierlager ■ Baumwolllager ■ Holzlager ■ Schaumstofflager ■ Verpackungsmaterialien ■ Möbelhaus ■ Heimwerker-/Baumarkt	■ Kino ■ Diskothek ■ Abfallsammelraum ■ Küche ■ Hotel ■ Theaterbühne ■ Tankreinigung ■ Tankfahrzeugreinigung ■ Chemische Reinigung ■ Altenheim ■ Pflegeheim ■ Krankenhaus
Erhöhte Brandgefährdung in der Industrie ■ Möbel-/Spanplattenherstellung ■ Weberei, Spinnerei ■ Papierherstellung (Trockenbereich) ■ Papierverarbeitung ■ Getreidemühle ■ Futtermittelproduktion ■ Schaumstoffherstellung ■ Dachpappenherstellung ■ Verarbeitung von Lacken und Klebern ■ Lackierungsanlagen und -geräte ■ Öl-Härterei ■ Druckerei ■ Petrochemische Anlagen ■ Verarbeitung brennbarer Chemikalien ■ Lederverarbeitung ■ Kunststoffverarbeitung ■ Spritzgießerei (Kunststoffe) ■ Kartonagenherstellung ■ Backwarenfabrik ■ Maschinenherstellung ■ Geräteherstellung	**Erhöhte Brandgefährdung im Handwerk** ■ Kfz-Werkstatt ■ Tischlerei ■ Schreinerei ■ Polsterei ■ Metallverarbeitung ■ Galvanik ■ Vulkanisierung ■ (Kunst)Lederbearbeitung ■ Textilverarbeitung ■ Backbetrieb ■ Elektrowerkstatt

Tab. 18: Betriebsbereiche mit erhöhter Brandgefährdung

Die ASR A2.2 fordert, dass im Brandfall alle gefährdeten Personen im entsprechenden Gefahrenbereich rechtzeitig **alarmiert** werden müssen. Dazu stehen die in Kapitel 9.5 beschriebenen **Alarmierungsmethoden** zur Verfügung.

Auf **Baustellen** muss es übrigens auch Handfeuerlöscher geben – für Baubüros, Unterkünfte oder Werkstätten zwingend und auf der Baustelle, wenn eine Brandgefahr vorliegt. Bei feuergefährlichen Arbeiten müssen es mindestens 6 Löschmitteleinheiten (LE) sein. Bei besonderer Gefährdung sind zusätzliche Maßnahmen nötig. Beispielhaft aufgezählt sind in folgender Tabelle Betriebe oder Betriebsbereiche mit erhöhter Brandgefährdung.

8.2 Wandhydranten

Wandhydranten (Abbildung 46) haben bereits seit einer VdS-Empfehlung aus den 80er Jahren formstabile Schläuche. Dadurch lässt sich mit ihnen schnell und sicher umgehen. Bei Wandhydranten besteht der große Vorteil, dass sie – im Gegensatz zu den Handfeuerlöschern – über eine unendliche Löschmittelquelle verfügen und aus größerer Entfernung angewandt werden können. Somit ist die Gefahr einer Gesundheitsschädigung durch Rauchgase und Brandhitze für den Anwender deutlich geringer. Bei Wandhydranten gibt es solche mit der Bezeichnung **F** und solche mit **S** (S für Selbsthilfe, F für Feuerwehr). Die Wandhydranten Typ S sind für die Mitarbeiter, während die Wandhydranten Typ F technisch aufwändiger und für den ersten Löschangriff durch Feuerwehrleute gedacht sind.

Wandhydranten sollten möglichst **flächendeckend** installiert werden. Dabei gilt:

- In **Versammlungsstätten** mit Raumgrößen von insgesamt > 1.000 m² sowie in **Verkaufsstätten** müssen Wandhydranten in ausreichender Zahl, gut sichtbar und leicht zugänglich an geeigneten Stellen angebracht werden.
- Ebenso brauchen **Industriehallen** > 1.600 m² flächendeckend Wandhydranten.
- Bei Gebäuden ab einer **Grundfläche von 400 m²** können nach der Technischen Regel für Arbeitsstätten A2.2 mehrere Feuerlöscher durch einen Wandhydranten **ersetzt** werden. Allerdings erfolgt eine Anerkennung nur dann, wenn Brand- und Rauchschutztüren im Brandfall nicht durch den Einsatzschlauch blockiert werden.
- In **Treppenräumen** werden Wandhydranten in der Regel nicht benötigt (weil dort keine Brandlasten vorhanden sein dürfen).

8

Abb. 46: Wandhydrant nebst Feuerlöscher und Handfeuermelder [Friedl]

Versorgt werden Wandhydranten über eine unter Druck stehende „nasse" oder „trockene" **Steigleitung** (vgl. Kapitel 7.1, Buchstabe i). Trockene Wandhydranten und Handfeuerlöscher sind spätestens alle **2 Jahre überprüfen** zu lassen (wenn der Hersteller längere oder kürzere Intervalle vorgibt, sind diese zu wählen; dies ist konform mit der ASR A2.2). Die Überprüfung je Löscher kann 10–20 Minuten Zeitaufwand mit sich bringen. In sensiblen Bereichen wie beispielsweise Laboren oder Freibereichen müssen die Feuerlöscher jährlich gewartet werden, weil sie einer höheren Belastung (Feuchtigkeit, Chemikalien, Hitze, Kälte) ausgesetzt sind. Für nasse Steigleitungen gilt eine **jährliche Prüfungsfrist**. Die jeweils geltenden Überprüfungsfristen lassen sich auch den Herstellerinformationen entnehmen. Diese Prüfungen sind ausführlich zu dokumentieren. Treten außerhalb der Prüfungen offensichtliche Mängel auf, sind diese umgehend zu beseitigen.

8.3 Kontrollfragen

Kontrollfragen

1. Welches Löschmittel ist für den Einsatz in den folgenden Bereichen gut geeignet bzw. nicht zu empfehlen/gefährlich?

Bereich	Gut geeignet	Ungeeignet/gefährlich
Lebensmittelherstellung		
Großküche		
Aluminiumspanlager		
EDV		
Elektronikmontage		
Tiefgarage		
Freibereiche		
Gaslager		

2. Wie viele Mitarbeiter sind im praktischen Umgang mit Feuerlöschern zu unterweisen?

a) Mindestens immer eine Person.
b) 5 % der Belegschaft.
c) 10 % der Belegschaft.
d) Alle, also 100 %.
e) In der Regel sind 5 % der anwesenden Belegschaft ausreichend (Gefährdungsbeurteilung).
f) Büro: 5 %, Produktion und Lagerung 10 %, Chemiebetriebe 25 %.

3. Wer darf Handfeuerlöscher mit 20 kg Eigengewicht im Brandfall benutzen?

a) Nur der Brandschutzbeauftragte oder einer der Brandschutzhelfer.
b) Personen, die den Brandschutzordnungen A, B und C unterliegen.
c) Die Belegschaft, nicht Besucher.
d) Diese sind für Männer, nicht für Frauen konzipiert.
e) Diese besonders schweren Geräte sind für die Feuerwehrleute gedacht.
f) Personen, die aufgrund der G-24-Untersuchung für tauglich eingestuft wurden.

Zur eigenen Überprüfung des in diesem Kapitel vermittelten Fachwissens folgten drei Fragen zum Thema „Handbetätigte Geräte zur Brandbekämpfung“. Mehrfachnennungen sind teilweise möglich. Am Ende des Buches sind die Antworten abgedruckt.

8

9 Organisatorischer Brandschutz

Prüfungsrelevanz

Das Thema **organisatorischer Brandschutz** hat wahrscheinlich die größte Bedeutung im Brandschutz, denn das richtige – sprich brandsichere – Verhalten aller sorgt dafür, dass es zu weniger Bränden kommt oder auch zu geringeren Kosten je Schaden. Dem organisatorischen Brandschutz kommt deshalb für den Brandschutzbeauftragten die größte Bedeutung zu.

In den organisatorischen Arbeitsbereich des Brandschutzbeauftragten fällt beispielsweise, dass er Gebäuderäumungen vorbereitet und sie begleitet (Punkt 12 der Aufgaben für Brandschutzbeauftragte lt. DGUV Information 205-003) – je nach Unternehmensgröße und der geleisteten Vorarbeit ist das oft eine recht zeitaufwändige Arbeit (auch was die Überzeugung von der Notwendigkeit dieser Übungen betrifft). Der Brandschutzbeauftragte muss hierzu die Brandschutz-Verantwortlichen, die Brandschutz-Helfer sowie die Etagen- und Flurbeauftragten aktiv schulen. Er erstellt für die verschiedenen Abteilungen die Brandschutzordnungen (Teile A, B und C) und aktualisiert diese regelmäßig. Weiter sind Alarmpläne zu erstellen, möglichst gemeinsam mit den Fachkräften für Arbeitsschutz. Wenn Feuerwehrpläne nötig sind, dann muss der Brandschutzbeauftragte dafür sorgen, dass diese aktuell gehalten werden und der Feuerwehr auch vorliegen.

Der Brandschutzbeauftragte muss also selbst aktiv sein, er muss sich die verschiedenen Aufgaben geben und nicht warten, bis sie von außen kommen. Agieren, nicht reagieren – das ist eine wichtige Grundvoraussetzung.

9.1 Integration des Brandschutzes in die betriebliche Organisation

In vielen Unternehmen, vor allem in größeren Betrieben und Konzernen, gibt es, auch aufgrund von DIN-ISO-Zertifizierungen, festgelegte Regeln für alle **betrieblichen Belange** und somit auch für den Brand- und Arbeitsschutz. Sinnvoll ist es, sich aktiv in dieses System einzubringen, konstruktiv und punktuell zur Verbesserung, Ergänzung und Optimierung beizutragen und den kritisch-distanzierten Blick dazu nicht zu verlieren.

Über den nötigen zeitlichen Aufwand des Brandschutzbeauftragten für verschiedene Aufgaben lassen sich keine pauschalen Angaben machen, denn das hängt weitgehend von der Fläche und der Art des Unternehmens ab.

Wichtig sind regelmäßige **Begehungen** aller Bereiche innerhalb und außerhalb der Gebäude, die nötigen, regelmäßigen Kontrollen der anlagentechnischen Brandschutzeinrichtungen (diese kann der Brandschutzbeauftragte selbst meist nicht vornehmen, aber entsprechende Prüf-Fachleute der Hersteller- und Errichterfirmen damit beauftragen), die regelmäßigen Unterweisungen der Mitarbeiter, die Kontrolle, ob Mängel beseitigt wurden und die Vorgabe, von wem und bis wann.

Auf die folgenden **Punkte** sollte der Brandschutzbeauftragte bei Begehungen besonders achten:

- Privat oder auch beruflich genutzte **Li-Akkus**,
- **Veränderungen** hinsichtlich Fluchtwegen, Verfahrenstechnik, Personal (Anzahl, Qualifizierung), eingesetzter Energien und Stoffe (fest, flüssig, gasförmig),
- ständiger **Abgleich** der vorgefundenen **IST-Situation** mit Gesetzen, Bestimmungen, ggf. neuen Technischen Regeln oder DIN-Normen usw. (= **SOLL-Situation**),
- **Abfallregelung** (Lagerung, Entsorgung, Trennung, Art und Material der Aufbewahrungsbehälter),
- **Raucherverhalten**,
- Kerzen, Gestecke (insbesondere im Dezember),
- fehlende Feuerlöscher,
- Freilagerung vor/an Gebäuden,
- **Beleuchtungsanlagen** (besonders gefährlich: Lampen und Trafos von Niedervoltleuchten; konventionelle Starter von Leuchtstofflampen),
- Brandgefährlichkeit von **Arbeitsverfahren** und verwendeten Materialien,
- **Geisterschichten** (d. h. Produktionsmaschinen arbeiten, ohne dass Personal anwesend ist),
- **Filteranlagen** (Brand- und Explosionsgefahr an/in Filteranlagen, Silos, Absauganlagen, verbunden mit der Problematik, an diese zum Löschen zu gelangen),
- **Strom** (Überprüfung der mobilen und festen elektrotechnischen Anlagen und Geräte, Freihalten von Schaltschränken, keine Brandlasten auf, vor, neben oder unter Sicherungskästen usw.),
- **Schweißarbeiten** (Erlaubnisschein ausfüllen und alle Punkte umsetzen),
- **Heizungsanlagen** (möglichst in eigenen Räumlichkeiten; feuerbeständig abmauern ist ab 50 kW Leistung vorgeschrieben),

- **elektrische Ladegeräte** (möglichst in eigens dafür vorgesehenen Bereichen aufstellen, die mindestens feuerhemmend, rauchdicht und gut belüftet sind),
- **Bauarbeiten** (besondere Brandschutzmaßnahmen bei Um- und Neubauarbeiten realisieren),
- fehlende **Trennungen** zwischen unterschiedlichen **Unternehmensbereichen** wie Produktion (Holz, Kunststoff, Metall, Lackierung), Lager (Ausgangsteile, Fertigteile, Kartonagen, Kommissionierung, Gabelstapler, brennbare Flüssigkeiten, Gase), Reparaturbereiche, Gebäude- und Haustechnik, Büros und Verwaltung, EDV/RZ (bedienter und unbedienter CPU-Raum, die verschiedenen Technikräume, Druckerbereiche, Sozialräume), Forschung/Entwicklung, Umkleide-/Duschbereiche, Kantine,
- fehlende **Zutrittskontrolle** zum Firmengelände und/oder zu den einzelnen Gebäuden des Unternehmens bzw. Teilbereichen.

Abb. 47: Auf die unzulässige Lagerung von leicht entflammbaren Gegenständen ist bei den Begehungen besonders zu achten [Friedl]

Bei **Abteilungssitzungen** soll der Brandschutz, wie auch schon seit vielen Jahren beim Arbeitsschutz praktiziert, in den üblichen Ablauf integriert werden. Beinahebrände oder Kleinbrände werden dabei ebenso offen und konstruktiv angesprochen wie mögliche Präventionsmaßnahmen. Bei der Erstellung des Brandschutzkonzeptes für ein Unternehmen sind die Bereichs- und Abteilungsleiter hinzuzuziehen. Übrigens erweist der Vorstand der Stellung eines Brandschutzbeauftragten einen großen Gefallen, wenn er bei Reden vor der Belegschaft darauf hinweist, dass Brandschutz im Unternehmen ernst genommen und deshalb auch ein Brandschutzbeauftragter bestellt wird. Auch wenn die brandschutzgerechte Schulung der Belegschaft sodann üblicherweise vom Brandschutzbeauftragten ausgeführt wird, so muss der Vorgesetzte dafür auch bei seinen Arbeitnehmern das

Einsehen erzielen und eine entsprechend positive Stimmung dafür erzeugen. Vielleicht kann der eine oder andere, der hier Probleme im Unternehmen hat, diese Textpassagen heraus kopieren und dem Vorstand vorlegen?

Also: Der Brandschutz ist in den täglichen Betriebsablauf zu integrieren. Alle damit zusammenhängenden Forderungen sind normaler, üblicher Bestandteil des betrieblichen Ablaufs; egal, ob in der Küche, bei Veranstaltungen, im Lager, im Büro oder in den verschiedenen Bereichen der Produktion.

9.2 Brandschutzmaßnahmen

Die konkret vom Brandschutzbeauftragten durchzuführenden **Brandschutzmaßnahmen** variieren von Unternehmen zu Unternehmen stark. Dennoch sollen im Folgenden die wichtigsten Brandschutzmaßnahmen dargestellt und kurz erläutert werden.

a) **Beleuchtungsanlagen**

Auch durch Beleuchtungen können Brände auftreten. Selbst bei LEDs kann dies passieren (wenn auch mit deutlich geringerer Wahrscheinlichkeit als bei konventionellen Beleuchtungsanlagen, Quecksilber-Dampflampen oder Leuchtstofflampen). Beleuchtungsanlagen dürfen daher nur dann aktiviert sein, wenn sie benötigt werden; außerhalb der Arbeitszeit müssen sie **ausgeschaltet** sein. Das ist auch arbeitstäglich zu **prüfen**, so fordern es die Allgemeinen Sicherheitsvorschriften der Feuerversicherungen (ASF). Brandschutztechnisch optimal ist es, wenn die Lampen brandsicher eingehaust sind.

b) **Feuerarbeiten**

Feuergefährliche Arbeiten sind eine der **Hauptursachen** für Brände in Unternehmen. Denn oftmals wird beim Schweißen, Löten oder Trennschleifen zu sorglos gearbeitet oder anschließend die Bedeutung der Brandwache nicht ausreichend ernst genommen. Deshalb ist die Beachtung der nachfolgenden Brandschutzmaßnahmen besonders wichtig:

- Während der laufenden Feuerarbeiten hält sich eine **ortskundige Person** an der Gefahrenstelle auf und sorgt dafür, dass entsprechend geeignetes Löschmittel (qualitativ und quantitativ) bereitsteht. Wenn leicht entzündliche Gegenstände im Gefahrenbereich sind, kann ein einziger Handfeuerlöscher zu wenig sein.
- Entsprechende **Vor- und Nachsorgemaßnahmen** sind zu treffen, vgl. den Schweißerlaubnisschein bzw. Erlaubnisschein für feuergefährliche Arbeiten der BG oder der Feuerversicherungen (= gewährleistet das Aus-

führen der Arbeiten nur durch eine sachkundige Person). Schweißgeräte bzw. die Gasflaschen sollen umgehend aus dem Arbeitsbereich entfernt werden, wenn die Arbeiten abgeschlossen sind. Generell ist ein Bereich von 10 m Radius um die Arbeitsstelle als „gefährdet“ zu betrachten.

- **Mobile Brandlasten** sind zu **entfernen**, immobile entsprechend abzudecken sowie Öffnungen abzudichten; Isolierungen von Rohren, an denen geschweißt oder geflext wird, können durch die Wärmeleitung brennen – hier gibt es auch um die Rohre zu drückende Knetmassen zum Aufnehmen der Wärmeenergie (vorher anfeuchten), die eine Wärmeweiterleitung also zuverlässig verhindern.
- **Besondere Schutzmaßnahmen** sind zu treffen, wenn **explosionsfähige Atmosphären** auftreten können. Beim Nachfüllen von Lötlampen entstehen aufgrund von Fahrlässigkeit manchmal Brände, deshalb darf dieser Vorgang nur an brandsicherer Stelle stattfinden; die Lötlampen sind auf entsprechenden Unterlagen abzulegen.
- Auch bei **Dach- und Ausbesserungsarbeiten** auf Bitumendächern besteht erhöhte Brandgefahr, da mit einer Lötlampe oder einem Kocher Teer erhitzt werden muss. Ein Handfeuerlöscher reicht dann in der Regel nicht mehr als Schutz aus (mindestens 2 Pulverlöscher mit je 12 kg Pulver oder zwei Wasserlöscher mit jeweils 10 l). Ideal wäre es, einen unter Wasserdruck stehenden Feuerwehrschlauch (zumindest aber einen Gartenschlauch) auf das Dach zu legen, den die Dacharbeiter im Brandfall ohne zeitlichen Verlust aktivieren können. Wenn ein großes Dach regelmäßig auszubessern ist, kann auch eine fest installierte, frostgeschützte Leitung verlegt werden.
- Wenn die Gefahr einer Wärmeweiterleitung durch **Metallteile** besteht, an denen geschweißt wird, sind diese durch Wasser zu kühlen. Wenn es produktionsbedingt nicht zur Vermeidung von brennbaren Stäuben oder Flusen kommt, sind diese effektiv abzusaugen oder der Boden ist während der Arbeiten mit Wasser zu benetzen.
- Es muss noch bis zu 2 Stunden nach Beendigung der Arbeiten eine **Brandwache** geben (nach den Vorgaben der Feuerversicherungen bis zu 4 Stunden, wobei es hier Unterschiede gibt, etwa die ersten 30 min. permanent und dann nur noch alle 10, 12 oder 15 min. und bis zu 2, 3 oder 4 Stunden) – denn Schweißperlen können auch nach mehreren Stunden noch ein Feuer entfachen. Deshalb wird empfohlen, feuergefährliche Arbeiten spätestens 4 Stunden vor Ablauf der regulären Arbeit zu beenden und generell nur vormittags derartige Arbeiten auszuführen. Die Brandwache kontrolliert in der ersten Stunde alle 10 Minuten, in der zweiten Stunde circa alle 15 bis 20 Minuten.

c) **Zündquellen**

Es gibt direkte und indirekte **Zündquellen** in Unternehmen, die im Brandschutzkonzept zu berücksichtigen sind. **Indirekte** Zündquellen können sein: elektrische Leitungen und Schaltschränke (Fehlerströme, Wackelkontakt, überlastete Leitungen), elektrische Funken (Schaltvorgang), Blitzeinschlag (direkt, indirekt), statische Aufladung durch Reibung, feuergefährliche Arbeiten, Zigaretten, Kerzen, Wärmestrahlung (Sonne), Brandstiftung oder fehlende Wartung. **Direkte** Zündquellen können sein: elektrische Geräte (z. B. Trafos), verfahrenstechnische Vorgänge, Selbsterhitzung, Wärmestau, heiße Oberflächen, chemische, physikalische oder biologische Reaktionen, mechanische Funken, Reibung, Wassereinbruch in Geräte, falsches Mischungsverhältnis in Reaktoren oder fehlerhafte Bedienung.

d) **Weisungsbefugter Koordinator**

Besonders betroffen, was das Verursachen von Bränden anbelangt, sind oftmals **Fremdfirmen**. Aus diesem Grund fordert die DGUV Vorschrift 1 in § 6 auch, dass man einen **weisungsbefugten Koordinator** stellen muss, sobald Fremdhandwerker im Unternehmen arbeiten. Vorab sind Feuerlöscher bereitzustellen und mobile Brandlasten aus dem Gefahrenbereich zu entfernen. Der für den Bereich verantwortliche Mitarbeiter muss die Arbeiten genehmigen. Ebenfalls vorab ist zu regeln, welcher Abfall entsteht, wo dieser gelagert wird und wer ihn wann entsorgt. Wichtig ist zu wissen, welche Arbeiten durchgeführt werden, mit welchen Energien gearbeitet wird und welche Stoffe (Gase, brennbare Flüssigkeiten) eingesetzt werden. Ziel dieser Maßnahmen ist es, dass keine Gefahren für Menschen und Gegenstände entstehen. Wer einer Handwerkerfirma einen Auftrag vergibt, sollte dieser den Erlaubnisschein für feuergefährliche Arbeiten zum Unterschreiben vorlegen. Durch die Unterschrift versichern die Handwerker, dass sie sich an die geltenden Vorschriften vor, während und nach der feuergefährlichen Arbeit halten. Das Einhalten sicherheitstechnischer Maßnahmen ist dann Vertragsbestandteil. Vorlagen für solche Scheine bekommt man von der Berufsgenossenschaft oder den Feuerversicherungen.

e) **Elektrogeräte**

Eine wesentliche, nicht zu unterschätzende Brandgefahr geht von Elektrogeräten aus. Damit es nicht so weit kommt, empfiehlt es sich, eine elektronisch geführte **Liste** mit möglichst **allen Elektrogeräten** zu erstellen, in der die Wartung und der Bestimmungsort (Betreiberort) festgelegt werden. Die Wartungs- und Überprüfungsintervalle sind einzuhalten. Bei privat an den Arbeitsplatz mitgebrachten Geräten wie Wasserkocher (Abbildung 48), Heizlüfter, Kaffeemaschinen, Smartphone-Ladegeräte, Radios geht man am besten wie folgt vor: Alle privat mitgebrachten Geräte müssen gemeldet, geprüft und regelmäßig gewartet werden. Auch muss man sich den Betreiberort und die Betreiberbedingungen vorgeben lassen. Die Geräte sind während des Betriebs ausreichend zu beaufsichtigen und auf nichtbrennbaren, **wärmebeständigen Unterlagen** so abzustellen, dass auch bei übermäßiger Erwärmung brennbare Gegenstände nicht entzündet werden können. Vor allem das Ausschalten nach Beendigung der Arbeit ist immens wichtig und daher arbeitstäglich zu überprüfen.

Abb. 48: Auf Herdplatten dürfen nie, auch nicht kurzfristig, brennbare Gegenstände wie dieser Wasserkocher abgestellt werden – dieses Verhalten kann schnell als grob fahrlässig eingestuft werden [Friedl]

f) Verhalten nach Arbeitsende

Jeder ist verpflichtet, seinen **Arbeitsplatz sicher** zu **verlassen**. Die Einhaltung dieser Pflicht ist zu überprüfen. Dies muss auch keinen großen Aufwand verursachen: Ein Werkschützer, der Bereichsleiter oder eine sonst verantwortliche Person kann einen Bereich, eine Etage oder eine Halle ohne großen Aufwand abgehen, um nachzusehen, ob Fenster geschlossen, alle nicht benötigten elektrischen Geräte ausgeschaltet, Feuerstätten gegen Brandausbruch gesichert und der Abfall ordnungsgemäß entsorgt ist. Es sollte auch schriftlich festgehalten werden, welche Person an welchem Tag welche Bereiche abgegangen hat und welche Situationen beseitigt werden mussten, damit es keine juristischen Probleme mit dem Feuerversicherer gibt. Das ist eine der wesentlichen Maßnahmen, die zur Minimierung der Brandschadenhäufigkeit beitragen.

g) **Umgang mit Abfall**
Abfall brennt derart häufig, dass es elementar wichtig ist dafür zu sorgen, dass er nicht zur Gefahr für ein Unternehmen wird – insbesondere außerhalb der Arbeitszeiten. Zunächst ist Abfall **brandsicher** zu **lagern**, das bedeutet, dass er so weit von Gebäuden entfernt abgelegt werden muss, dass keine Gefahr eines Brandüberschlags besteht. Je mehr Abfall gelagert wird, umso mehr Abstand ist einzuhalten. Alternativ kann man Abfall auch in eigens dafür vorgesehenen **Entsorgungsräumen** lagern. Diese Räume dürfen anderweitig nicht genutzt werden, brauchen feuerbeständige Wände, eine nach innen gehende, mindestens feuerhemmende Tür, eine ständig wirksame Be- und Entlüftung sowie eine Entsorgungsöffnung direkt ins Freie. Darüber hinaus muss Abfall spätestens nach Beendigung der Arbeit zeitnah (ggf. mehrfach pro Schicht, je nachdem, wie viel anfällt) aus den Arbeitsbereichen entfernt werden. Besonders kritischer Abfall (unhygienisch, umweltgefährdend, klinisch) ist separat zu lagern und zu entsorgen. Beispiele hierfür sind brennbare Flüssigkeiten (alte Lacke, Reinigungsbenzine), Batterien und Akkus, ölgetränkte Lappen oder Metallspäne (Abbildung 49).

h) **Ölgetränkte Lappen**
Bei ölgetränkten Lappen reicht schon eine geringe Zündenergie aus, um einen Brand zu verursachen; teilweise können sie sich sogar selbst entzünden. Daher sind ölgetränkte Lappen (die oft recycelt werden und somit nicht als „Abfall“ zu deklarieren sind) in **nichtbrennbaren Behältern mit dicht schließendem Deckel** aufzubewahren (Abbildung 50). Nach Beendigung der Arbeit müssen sie aus den Arbeitsräumen entfernt werden. Es ist mittlerweile auch geduldete und bewährte Praxis, die Behälter doppelwandig und schwerentflammbar zu wählen. Diese besonderen Behälter haben den Vorteil, dass sie sich – im Vergleich zu den Metallbehältern – nicht deformieren, wenn sie von außen beschädigt oder umgestoßen werden, wodurch die Deckel noch dicht schließen. Unternehmen, die mit solchen Stoffen umgehen, müssen sich der besonderen Brandgefahr bewusst sein; ggf. sind der Feuerversicherer und die Berufsgenossenschaft zur Brandrisikominimierung hinzuzuziehen.

Abb. 49: Absolutes Negativbeispiel: grob fahrlässige Lagerung von ölgetränkten Lappen, Abfall und brennbaren Flüssigkeiten, offen im Arbeitsraum [Friedl]

Abb. 50: Positivbeispiel: nichtbrennbare und dicht schließende Behälter zur Aufbewahrung von ölverschmutzten Lappen und Stahlspänen [Friedl]

9.3 Schulung der Mitarbeiter

Die Belegschaft auszubilden ist eine u. a. in der Industriebau-Richtlinie geforderte Aufgabe des Brandschutzbeauftragten. Diese Schulung muss vor Aufnahme der Tätigkeiten des Beschäftigten und danach **regelmäßig**, mindestens jedoch **einmal im Jahr** erfolgen. Besonders bei jungen Personen und solchen, die nur vorübergehend im Unternehmen arbeiten (Schüler, Studenten, Aushilfskräfte), ist es wichtig, dass diese geschult und kontrolliert werden. Die Schulung soll möglichst praxisnah und arbeitsplatzorientiert sowie sinnvoll informiert (Abbildung 51) sein. Eine Schulung für Küchenpersonal behandelt andere Fragen als eine Schulung für die EDV-Abteilung. Besetzen Sie die Gruppen daher möglichst homogen. Wichtig ist, belegen zu können, **wer** (der Brandschutzbeauftragte) **wen** (namentliche Liste mit Unterschrift) **wann** (Datum) **von** wann **bis** wann (Uhrzeit) geschult hat. Das ist schriftlich festzuhalten und auch vom Referenten (Brandschutzbeauftragter) zu unterschreiben. Versuchen Sie, die Mitarbeiter ihres Unternehmens für den Brandschutz zu sensibilisieren. Vielen ist das Thema Brandschutz völlig unklar.

9

Abb. 51: CO_2-Löschgas kann beim Austritt bis zu –78 °C kalt werden (Erfrierungsgefahr). Das muss bei der Schulung der Mitarbeiter vermittelt werden [Friedl]

Schulen Sie nicht zu lange. Wer seit 30 Jahren die Schulzeit hinter sich hat, dem kann man nicht zumuten, sich über Stunden in einen Besprechungsraum zu setzen, um etwas über Brandschutz zu hören. Man schult möglichst abwechslungsreich, z. B. mit Kurzvideos, Schadensschilderungen oder dem Herzeigen von Schauobjekten. Die Schulungen enthalten beispielsweise Inhalte zur Brandschutzordnung, den direkten Bezug zu den jeweiligen Arbeitsplätzen, das Vermeiden und Löschen von Bränden, die Erläuterung der Gefährlichkeit des Brandrauchs oder der Fluchtmöglichkeiten.

9.4 Ausbildung von Brandschutzhelfern

Die DGUV Information 205-023 schreibt vor, dass in einem Unternehmen „ausreichend" viele **Brandschutzhelfer** vorhanden sein müssen. Liegt eine normale Brandgefährdung vor, sind das **mindestens 5 %** der **anwesenden Mitarbeiter** (Schichtarbeitszeiten, Kündigungen, Urlaub und Krankheit berücksichtigen). Bei einer „**erhöhten**" Brandgefährdung (viele oder beeinträchtigte Personen, große Bereiche, Schichtarbeitszeiten, erhöhte Brandlasten und Zündquellen) können jedoch mehr Brandschutzhelfer nötig sein (die DGUV Info 205-023 gibt hier keine konkreten Zahlen vor). Schulungen beinhalten auch praktische Übungen, siehe Abbildung 52 und 53.

Nun muss jeder für sich die Entscheidung treffen, ob 5 % Brandschutzhelfer ausreichend sind oder nicht. Es ist nicht vermessen zu fordern, dass auch die verbleibenden 95 % mit Handfeuerlöschern umgehen können – schließlich ist es wichtig, dass im Falle eines Entstehungsbrands jeder umgehend in der Lage ist zu löschen und nicht erst irgendeinen der 5 % sucht!

Abb. 52 und 53: Mobiles Feuerlöscher-Übungsgerät zur Ausbildung von Brandschutzhelfern [Kidde Fire Trainers]

Ein in Ingelheim (Rheinland-Pfalz) sitzender Pharmakonzern beispielsweise hat über 90 % der Belegschaft praktisch im Umgang mit Handfeuerlöschern unterwiesen. In einem Brandfall geht es um Sekunden und Minuten, dann ist schnelles, effektives und richtiges Eingreifen entscheidend für den Fortgang. Denn die Kosten eines Brandes steigen nicht mit der Zeit linear an, sondern exponentiell.

Die Unterweisung der Brandschutzhelfer kann der Brandschutzbeauftragte vornehmen in **mindestens 2 Stunden**. Es wird allerdings empfohlen, die Ausbildung mindestens einen halben Tag lang abzuhalten, besser einen ganzen Tag. Eine Wiederholung ist spätestens alle 5 Jahre erforderlich. Obwohl nicht gefordert, empfiehlt es sich, einen Abschlusstest zu stellen. Das bringt eine bestimmte Ernsthaftigkeit hinein (durchfallen vor den Kollegen wäre peinlich) und das Gehörte kann sich besser setzen. Das Niveau des Brandschutzhelfers ist im Vergleich zum Brandschutzbeauftragten geringer, denn die Ausbildung ist wesentlich verkürzt; dafür ist die Ausrichtung deutlich praxisorientierter. Dabei ist den Brandschutzhelfern nach der DGUV Information 205-023 mindestens zu vermitteln:

1. **Grundzüge des Brandschutzes**
   - Grundlagen der Verbrennung und der Vorgänge beim Löschen,
   - häufige Brandursachen, Beispiele, Tätigkeiten mit feuergefährlichen und brennbaren Stoffen,
   - betriebsspezifische Brandgefahren, Zündquellen bezogen auch auf spezielle Produktionsabläufe.

9

2. **Betriebliche Brandschutzorganisation**
   - Brandschutzordnung,
   - Alarmierungswege und -mittel,
   - betriebsspezifische Brandschutzeinrichtungen,
   - Sicherstellung des eigenen Fluchtwegs,
   - Sicherheitskennzeichnung nach ASR A1.3.
3. **Funktion und Wirkungsweise von Feuerlöscheinrichtungen**
   - Brandklassen (A, B, C, D, F),
   - Wirkungsweise und Eignung von Löschmitteln,
   - geeignete Feuerlöscheinrichtungen,
   - Aufbau und Funktion der im Betrieb vorhandenen Feuerlöscheinrichtungen,
   - Einsatzbereiche und Einsatzregeln von Feuerlöscheinrichtungen und Wandhydranten.
4. **Gefahren durch Brände**
   - Gefahren durch Rauch und Atemgifte,
   - thermische Gefährdungen,
   - mechanische Gefährdungen,
   - besondere betriebliche Risiken.
5. **Verhalten im Brandfall**
   - Alarmierung,
   - Bedienung der Feuerlöscheinrichtungen ohne Eigengefährdung,
   - Sicherstellung der selbständigen Flucht der Beschäftigten,
   - ggf. besondere Aufgaben nach Brandschutzordnung Teil C,
   - Löschen von in Brand geratenen Personen.
6. **Praxisteil**
   - Handhabung und Funktion, Auslösemechanismen von Feuerlöscheinrichtungen,
   - Löschtaktik und eigene Grenzen der Brandbekämpfung,
   - realitätsnahe Übung mit Feuerlöscheinrichtungen,
   - Wirkungsweise und Leistungsfähigkeit,
   - betriebsspezifische Besonderheiten,
   - Einweisen in den betrieblichen Zuständigkeitsbereich.

9.5 Alarmierung, Evakuierung, Räumung

Der Unternehmer bzw. Gebäudebetreiber hat die Pflicht, alle in einem Gebäude anwesenden Personen, neben der Belegschaft also auch etwaige Wartungstechniker auf dem Dach oder im Keller, bei einer Brandgefahr umgehend zu informieren. Dies schreibt die ASR A2.2 vor. Die möglichen **Alarmierungsmethoden** können wie folgt aussehen:

- Sprachalarmierungsanlagen,
- Akustische Signalgeber (Hupen, Sirenen),
- Personenbezogene Warneinrichtungen,
- Elektroakustische Notfallwarnsysteme,
- Optische Alarmierungsmittel,
- Hausalarmanlagen,
- Telefonanlage,
- Megafon,
- Handsirenen,
- Zuruf von Personen.

Abhängig vom betroffenen Bereich (Industriehalle, Hotel, Schule, Büro) ist die hierfür **effektivste Alarmierungsart** zu wählen. Parameter hierfür können sein die Gebäudegröße und Gebäudehöhe, die Anzahl der Personen im Gebäude, die Anzahl der Fluchtmöglichkeiten, vorhandene Gefährdungspotenziale oder Vorgaben aus dem Brandschutzkonzept. Auch normale Telefonanlagen können entsprechend umprogrammiert werden, um z.B. in einem Hotel alle Zimmer über die Situation automatisch zu informieren. In einer offenen, großen Industriehalle kann man Handsirenen einsetzen oder Megafone benutzen.

Es ist zu beachten, dass üblicherweise zwischen Räumung und Evakuierung unterschieden wird. Die **Evakuierung** meint das **organisierte** Verlassen eines Aufenthaltsortes auf Zeit (z.B. bei Hochwasser- oder latenter Felssturzgefahr oder Bombenfund). Unter einer **Räumung** wird das **ungeplante** und kurzfristige Verlassen eines Aufenthaltsortes (z.B. bei Gefahr in Verzug wie Brand) verstanden.

Bei der Konzeption der **Räumungsordnung** muss in einfacher und verständlicher Sprache für die Evakuierung u.a. Folgendes festgelegt werden:

- Auf wessen **Veranlassung** (Kompetenzen) eine Gebäuderäumung erfolgen darf.
- Welche **Mitarbeiter** besondere Aufgaben haben, die ihnen vorab mitgeteilt wurden.
- Wer (beteiligter **Personenkreis**) das Gebäude zu verlassen hat.
- Mit welchen **Hilfsmitteln** (Art der Alarmierung) die bedrohten bzw. fliehenden Personen informiert werden können.

- Auf welchen **Wegen** (Flucht- und Rettungswege) die fliehenden Personen das Gebäude verlassen sollen und welche Wege ggf. vermieden werden müssen.
- Welche eventuellen **Besonderheiten** bestehen.
- Welchem **Ablauf** folgend (Räumungsablauf) man vorzugehen hat.

Wichtigste Aussage aller Unterweisungen und Übungen muss es immer sein, die **Rettung von Gesundheit und Menschenleben** in den Vordergrund zu stellen. Erst weit danach kommen Dinge wie die Rettung von Sachwerten oder die Brandlöschung. Fehler, die bei der ersten Übung gemacht wurden, verwendet man zur Optimierung des Räumungskonzepts. Zur Häufigkeit der vorzunehmenden **Räumungsübungen** sagt die Arbeitsstättenverordnung aus, dass diese in „regelmäßigen" Abständen zu erfolgen hat. Was „regelmäßig" ist, wird nicht vorgegeben; jedoch ist es üblich, eine Übung pro Jahr abzuhalten, vor allem bei einem Schulbetrieb, Altenheim, Krankenhaus, Bürohochhaus, Hotel, Theater oder einer Verkaufsstätte.

Wenn ein Brand in einem baulich feuerbeständig abgetrennten Teil eines großen, über mehrere Gebäude verteilten Unternehmens ausbricht, entsteht für die übrigen Gebäudeteile zunächst noch keine direkte unmittelbare Gefährdung. Es ist daher vorab zu überlegen, welche Bereiche zunächst (nur) gewarnt und welche Bereiche umgehend geräumt werden müssen.

9.6 Verhalten im Brandfall

Primär gilt: Wenn es brennt, die Feuerwehr rufen. Das weitere korrekte Verhalten bei einem Brandausbruch lässt sich nicht absolut für jeden Einzelfall vorgeben, wie die nachfolgenden Beispiele verdeutlichen sollen.

Vorgefundene Situation:

a) Ein Patient raucht im Bett, schläft ein und die Decke beginnt zu brennen in dem Moment, in dem die Krankenschwester den Raum betritt.

b) Aus dem Doppelboden in der EDV dringt Brandrauch.

c) Die Zigarette in einem metallenen Papierkorb hat dort Papier entzündet.

d) In einem nicht besetzten Schulklassenzimmer bricht ein Feuer aus.

e) In einer gesprinklerten Industriehalle bricht ein Feuer aus.

Erstes Verhalten:

a) Die Krankenschwester löscht sofort den Brand – sei es mit dem Wasser einer Blumenvase, mit einer Getränkeflasche, mit einem Feuerlöscher oder indem sie die gerade zu brennen beginnende Decke in die Dusche oder aus dem Fenster wirft oder so zusammendrückt, dass das Feuer erstickt.

b) Umgehend den Bereich verlassen und die Feuerwehr sofort verständigen, ggf. gefährdete Personen warnen.

c) Man löscht, indem man z.B. einen Aktenordner auflegt oder einen Feuerlöscher benutzt oder indem man ein vorhandenes Getränk (Wasser, Tee, Kaffee) hineinschüttet.

d) Man schließt die Tür zu dem Raum und alarmiert sofort alle möglicherweise gefährdeten Klassen; dann erst wird die Feuerwehr gerufen.

e) Man aktiviert die Entrauchung und alarmiert möglichst zeitgleich die Feuerwehr.

Um diese Unsicherheit besser in den Griff zu bekommen, gibt es **Brandschutzordnungen**, an denen man sich gut orientieren kann. Wie man eine solche erstellt, findet sich im nächsten Unterkapitel.

9.7 Brandschutzordnung

Eine Brandschutzordnung enthält zusammenfassende Regelungen für das **Verhalten von Personen in einem Brandfall** in einem Gebäude oder Betrieb. Dabei kann es für ein Gebäude, in dem mehrere gewerbetreibende oder freiberufliche Mieter vorhanden sind, je nach Nutzung mehrere Brandschutzordnungen geben. Das Vorhandensein solcher Brandschutzordnungen ist berufsgenossenschaftlich, arbeitsschutzrechtlich, bauordnungsrechtlich, aber auch privatrechtlich von den Versicherungen gefordert. In Deutschland etabliert hat sich schon lange die **DIN 14096**, die Vorgaben hinsichtlich des **Inhaltes**, der **Gliederung** und der **Gestaltung** einer Brandschutzordnung macht. Diese DIN wurde zuletzt 2014 überarbeitet und dadurch aktualisiert und inhaltlich gestrafft. Es ist anzumerken, dass Unternehmen sich üblicherweise an Regeln zu halten haben, aber nicht grundsätzlich an DIN-Vorgaben. Meist befindet sich zwischen einer DIN-Forderung und dem Unternehmen eine Regel (ASR, TRGS, TRBS, BG-Bestimmung); hier ist es noch nicht so, denn es gibt lediglich die DIN 14096 und keine zugehörige ASR. Da DIN-Vorgaben nicht bindend sind (aber meist sinnvoll), kann also von dieser DIN abgewichen werden, und das empfiehlt sich insbesondere beim Teil C – der ja nicht für präventives Verhalten, sondern für kuratives Verhalten gedacht ist. Dennoch sieht diese DIN einige (hier wenig sinnvolle) Forderungen für brandverhütendes Verhalten im Teil C vor; etwas, was in den Teil B gehört.

Eine betriebliche Brandschutzordnung besteht grundsätzlich aus **drei Teilen**, genannt **A**, **B** und **C**:

- **Teil A** richtet sich an alle Personen, die sich in einem Gebäude aufhalten, also Mitarbeiter, Mieter, Besucher, Handwerker, Kunden usw. Er enthält allgemeine Vorgaben darüber, wie man sich im Falle eines Brandes verhalten muss.
- **Teil B** ist für Personen, die sich „nicht nur vorübergehend" im Gebäude befinden. Dieser Teil richtet sich also vor allem an die im Unternehmen beschäftigten Mitarbeiter, in einem Wohnkomplex an die dortigen Bewohner.
- **Teil C** richtet sich an Personen, die im Unternehmen in Notsituationen wie typischerweise Bränden besondere Brandschutzaufgaben wahrnehmen. Das sind grundlegend die Brandschutzhelfer, die Gebäudetechniker und die Vorgesetzten.

Bei neueren Gebäuden gibt es eine Baugenehmigung mit **Brandschutzauflagen**. Diese sind gegebenenfalls in die Brandschutzordnung einzuarbeiten (hier wird insbesondere auf die Vorgaben der Industriebaurichtlinie verwiesen). Die brandschutztechnischen Besonderheiten der verschiedenen betrieblichen Bereiche (Küche, Büro, Produktionen, Lagerung, Technik) sind bei der Erstellung einer Brandschutzordnung zu beachten. Ebenso sind individuelle Umstände jeder einzelnen Person zu berücksichtigen, seien es körperliche oder intellektuelle Beeinträchtigungen oder auch, dass eine Person an einer besonders gefahrenträchtigen Stelle allein arbeitet (etwa ein Techniker auf dem Masten, auf dem Flachdach oder in einem verwinkelten und unterirdisch liegenden Technikbereich). Es ist also das **spezielle Arbeitsumfeld** zu berücksichtigen.

Neu ist seit 2014 auch, dass die Brandschutzordnung spätestens **alle zwei Jahre** auf Aktualität hin zu prüfen ist, und dafür ist der Brandschutzbeauftragte zuständig. Empfehlenswert ist, diese regelmäßige Überprüfung im Rahmen einer ASA-Sitzung dokumentarisch festzuhalten. Gibt es gesetzliche, behördliche, versicherungsrechtliche, bauliche, anlagentechnische, personelle oder verfahrenstechnische Veränderungen, müssen diese ggf. eingearbeitet werden. Sobald neue Mitarbeiter eingestellt werden, sind diese ebenfalls einzuweisen, und zwar vor Aufnahme der Tätigkeiten.

9.7.1 Brandschutzordnung Teil A

Der **Teil A** enthält **allgemeine Angaben** zum Verhalten bei Bränden. Er muss gut **sichtbar** auf Gesichtshöhe an Stellen angebracht sein, an denen oft Personen vorbeigehen, also z.B. in der Eingangshalle, am Schwarzen Brett, im Fahrstuhl oder auch in Treppenaufgängen. Der Teil A soll lt. DIN nicht mehrsprachig sein. Um alle Mitarbeiter zu erreichen, ist daher ggf. ein **zweiter Aushang** in der entsprechenden Sprache sinnvoll. Optisch handelt es sich dabei um einen Aushang mindestens im **DIN-A4-Format** mit einem mindestens 1 cm breiten, **roten Rand** auf **weißem Hintergrund**. Es ist darauf zu achten, dass die Piktogramme mit denen im Unternehmen übereinstimmen, denn diese haben sich in den letzten Jahren mehrfach geändert. An dieser Gestaltung darf man keine Veränderungen vornehmen. Es handelt sich hierbei um verbindliche Vorgaben. Folgende **Schlagworte** sollen linksseitig stehen:

- **Ruhe bewahren,**
- **Brand melden,**
- **in Sicherheit bringen,**
- **Löschversuch unternehmen.**

9.7.2 Brandschutzordnung Teil B

Anders ist es mit dem **Teil B** für die „**nicht nur vorübergehend**" im Gebäude befindlichen Personen: Dieser Teil ist wesentlich detaillierter und individuell auszudrucken (oder im Intranet zugänglich zu machen), sodass jeder in der Belegschaft sein **eigenes Exemplar** bekommt. Juristisch wichtig ist, dass man sich von jedem eine **Empfangsbestätigung** geben lässt, dass er die Brandschutzordnung erhalten hat. Mit der Unterschrift wird darüber hinaus auch bestätigt, dass man die Brandschutzordnung Teil B zeitnah liest sowie eine Ansprechperson bei Problemen oder Verständnisschwierigkeiten kennt.

Für den Teil B der Brandschutzordnung sagt die DIN 14096, dass es für das Einbringen von Fotos, Symbolen, Piktogrammen oder auch für die Schriftart und Größe sowie die gesamte optische Gestaltung **keine** weiteren **Vorgaben** gibt. Man kann also in Form einer Broschüre im **DIN-A5-Format** oder größer drucken. Zu beachten ist allerdings, dass es Farben gibt (z.B. Gelb), die schlecht auf weißem Papier zu lesen sind, d.h. man sollte kräftige Farbtöne bevorzugen. Inhaltlich ist im Teil B auch erlaubt, dass **mehrere Sprachen** in einer Ausarbeitung enthalten sind. Für die Aktualität der Brandschutzordnung sollte sich der Brandschutzbeauftragte zuständig zeigen und dies auch gewissenhaft umsetzen.

Die nachfolgenden **12 Punkte** sollen in dieser Reihenfolge im Teil B der Brandschutzordnung stehen:

a) **Einleitung,**

b) **Brandschutzordnung, Teil A,**

c) **Brandverhütung,**

d) **Brand- und Rauchausbreitung,**

e) **Flucht- und Rettungswege,**

f) **Melde- und Löscheinrichtungen,**

g) **Verhalten im Brandfall,**

h) **Brand melden,**

i) **Alarmsignal/Anweisung beachten,**

j) **In Sicherheit bringen,**

k) **Löschversuche unternehmen,**

l) **Besondere Verhaltensregeln.**

Nachfolgend gibt es zu den Punkten **a)** bis **l)** konkrete Hinweise, wie sich die o.g. Punkte inhaltlich ergänzen lassen – sofern sie auf das jeweilige Unternehmen zutreffen.

a) **Einleitung:** Hier kann man sich an den fünf Punkten „Allgemeines“, „Erläuterungen“, „Geltungsbereich“, „Inkraftsetzung“ und „Personenkreis“ orientieren.

b) **Brandschutzordnung Teil „A“:** Die Brandschutzordnung Teil B enthält immer auch die allgemeinen Hinweise des Teils A.

c) **Brandverhütung:** Hier ist zu erläutern, welche konkreten Brandschutzmaßnahmen vorzunehmen sind:
   - Regelungen zum Rauchverbot und wo man rauchen darf und wie mit Zigarettenresten umzugehen ist (Aschenbecher sind nur in dicht schließende, nichtbrennbare Behälter zu entleeren).
   - Vorgabe, dass nicht ohne vorherige Erlaubnis eine offene Flamme erzeugt werden darf.
   - Erläuterungen, wie man mit brennbaren Abfällen umzugehen hat.
   - Vorgaben zum Umgang mit elektrischen und gasbetriebenen Geräten.
   - Hinweise bei feuergefährlichen Arbeiten auf die geforderten Schutzmaßnahmen (ggf. ist eine Kopie des Schweißerlaubnisscheins beizulegen).
   - Bei Explosionsgefahren Hinweise zu Schutzmaßnahmen bei EX-gefährlichen Stoffen und individuell weitere Vorgaben.

d) **Brand- und Rauchausbreitung:** Die tödlichen Rauchgase breiten sich deutlich schneller aus als Flammen. Daher ist darauf hinzuweisen, dass Rauch- und Brandschutztüren zu schließen (nicht verschließen) sind. Früher nahm man an, ein Feuer ersticken zu können, wenn man Fenster und Türen

schließt, und es anfacht, wenn man für Zuluft sorgt. Doch das Gegenteil ist der Fall: Durch das Öffnen gelangt nicht nur die Hitze ins Freie, sondern auch die tödlichen Brandrauchgase und – ganz wichtig – auch die explosiven, da noch nicht verbrannten sog. Pyrolysegase. Zudem bleiben die vom Brand noch nicht betroffenen Gegenstände kälter und brennen nicht.
Es kann daher ein Hinweis aufgenommen werden, dass im Brandfall (ohne das Leben zu riskieren) die Fenster und Entrauchungsöffnungen im Brandraum so früh wie möglich zu öffnen, und in darüber liegenden Räumen, in denen es noch nicht brennt, möglichst zu schließen sind (damit für eine bestimmte Zeit keine Rauchgase eindringen können). Für Türen gilt: Raumeingangstüren zu Räumen, in denen es brennt, sind zu schließen (ebenso die Türen zu Räumen, in denen es nicht brennt, damit kein Brandrauch eindringen kann).

e) **Flucht- und Rettungswege:** Flucht- und Rettungswege sind freizuhalten. Schließlich gehört noch an dieser Stelle eingefügt: Sicherheitshinweise, Rettungswegzeichen, Handfeuermelder und sonstige Sicherheitshinweise dürfen nicht verdeckt werden.

f) **Melde- und Löscheinrichtungen:** Hier ist darauf hinzuweisen, wo sich diese Einrichtungen befinden und wie sie funktionieren: Hinweis auf Handfeuermelder und wie man diese bedient (das Glas davor ist nicht verletzungsgefährlich!); Meldestellen (Pförtner, Sicherheitszentrale), Telefonnummern (intern, extern), Wandhydranten (Standort, Funktionsweise), Handfeuerlöscher (welches Löschmittel, wo, wie einzusetzen), Löschdecken (was damit zu löschen ist und was nicht), Notduschen (diese sind meist in chemischen Laboren; sie müssen funktionstüchtig sein und man sollte sie vorführen, um die Hemmschwelle zu nehmen, sie zu nutzen).

g) **Verhalten im Brandfall:** Die Feuerwehr rufen, die Belegschaft informieren, den Brand löschen, die Entrauchung aktivieren, Wertgegenstände retten, usw. Je nach Situation kann sich teilweise eine Verschiebung der Prioritäten ergeben.

h) **Brand melden:** Wer einen Brand per Telefon der Feuerwehr meldet, kann sich an den sog. „**5-W**" orientieren: Wer meldet (Name der Person, des Unternehmens)? Was ist passiert (kleiner bzw. größerer Brand, Unfall)? Wie groß ist das Feuer jetzt bzw. wie viele Menschen sind gefährdet? Wo ist es passiert (Stadt, Straße, Hausnummer, ggf. Anfahrtsweg auf dem Firmengrundstück)? Warten auf Rückfragen (während man telefoniert, wird der Alarm weitergegeben und die Feuerwehr rückt aus – die Informationen werden ggf. der Einsatzleitung im Fahrzeug weitergeleitet).

i) **Alarmsignale, Anweisungen:** Die Belegschaft ist darauf hinzuweisen, welche konkrete Bedeutung akustische und optische Signale haben (Gasaustritt, Brand, Bombendrohung oder sonstige Gefahr). Festzulegen ist, wer im Brandfall der Ansprechpartner für die eintreffende Feuerwehr ist.

j) **In Sicherheit bringen:** Hier sind die Fluchtwege zu den Sammelstellen aufzuzeigen. Im Brandfall sind die Aufzüge zu meiden; man nutzt den Treppenraum, das ist der erste Fluchtweg.

k) **Löschversuch unternehmen:** Wichtig ist, darauf hinzuweisen, dass ein Löschversuch nur dann unternommen werden darf, wenn keine Eigengefährdung vorliegt. Gegebenenfalls ist anzuordnen, dass zwei oder drei Personen gleichzeitig mit einem Handfeuerlöscher einen Löschangriff starten.

l) **Besondere Verhaltensregeln:** Diese enthalten je nach Besonderheit des Unternehmens Angaben zu Verhaltensregeln, wie beispielsweise zum Umgang mit besonderen Sachwerten (z. B. Arbeitsmaschinen) im Brandfall.

9.7.3 Brandschutzordnung Teil C

Der **Teil C** der Brandschutzordnung richtet sich an Vorgesetzte, Sicherheitsverantwortliche, Ersthelfer, Brandschutzhelfer, Brandschutzbeauftragte, Sicherheitsfachkräfte und Flurbeauftragte, also an alle, die im Brandfall **besondere Brandschutzaufgaben** haben. Dieser Teil soll – anders als Teil B – laut DIN 14096 in **Papierform** vorliegen und gegen eine **Empfangsbestätigung** ausgehändigt werden. Für den Teil C gibt es keine absolut verbindliche Empfehlung hinsichtlich des **Formats**, auch was die Textform angeht, die Schrift und die Größe. Es empfiehlt sich, dem Teil C auch Grundrisspläne im Format **DIN A3** anzuhängen und auf der Rückseite des Einbandes in eine Folie einzustecken. Der Inhalt des Teil C muss laut DIN 14096 diese **acht Unterpunkte** enthalten:

a) **Einleitung,**

b) **Brandverhütung,**

c) **Meldung und Alarmierungsablauf,**

d) **Sicherheitsmaßnahmen für Lebewesen und Sachwerte,**

e) **Löschmaßnahmen,**

f) **Vorbereitung für den Einsatz der Feuerwehr,**

g) **Nachsorge,**

h) **Anhang.**

Nachfolgend auch hier einige Erläuterungen zu den genannten Punkten:

a) **Einleitung:** Der Inhalt entspricht im Wesentlichen den unter Teil B (Verantwortung) aufgeführten Punkten.

b) **Brandverhütung:** Es sind Verantwortliche für die nachfolgenden Aufgaben zu benennen; die Aufgaben und Tätigkeitsbereiche sind zu beschreiben wie z. B.:
   - Brandschutzbestimmungen im laufenden Betrieb, bei Umrüstungen, bei Reinigungsarbeiten, bei Veranstaltungen, bei Nutzungsänderungen, bei Neubauten,
   - Überwachen und Instandsetzen aller Brandschutzeinrichtungen, der Feuerwehrflächen und Rettungswege,
   - Hinweis- und Sicherheitsschilder überwachen, aktuell halten,
   - Feuerarbeiten genehmigen, Brandwache stellen usw.,
   - Feuer- und EX-gefährdete Bereiche überwachen,
   - Rauchverbot überwachen,
   - Feuerwehrpläne aktuell halten,
   - Fluchtwegpläne aktuell halten,
   - Beschäftigte unterweisen (lassen),
   - Räumungsübungen durchführen (lassen),
   - Zusammenarbeit mit Behörden, Feuerwehr und Schadenversicherern.

c) **Meldung und Alarmierungsablauf:** Dieser Punkt hieß früher „Alarmplan". Wichtig ist, dass nach Brandausbruch die folgenden Hilfskräfte umgehend alarmiert werden:
   - die Feuerwehr,
   - ggf. ein Arzt,
   - der Rettungsdienst,
   - die Polizei.

   Sofern es einen Hausalarm gibt, ist dieser auszulösen. Darüber hinaus sind bestimmte Personen (Geschäftsleitung, Brandschutzbeauftragter, ggf. bestimmte Techniker und Produktionsleiter) zu informieren. Nach einer Übung wird zur Auflösung des Alarms und somit zur Rückkehr in die Gebäude an die Arbeitsplätze die Verantwortung auf die Personen übertragen, die dem Teil C der Brandschutzordnung unterliegen.

d) **Sicherheitsmaßnahmen für Lebewesen und Sachwerte:** Hier ist die Reihenfolge besonders wichtig. Menschenleben geht immer vor Sachwerteschutz. Zunächst kommt also der Eigenschutz, dann setzt man sich für das Leben Dritter ein, und wenn dann immer noch keine Eigengefährdung vorliegt, lässt es sich für Gebäude und deren Inhalte einsetzen.

e) **Löschmaßnahmen:** Den beteiligten Personen werden konkrete Löschmaßnahmen zugeteilt. So werden Personen benannt, die Alarm auslösen, die Rauch- und Wärmeabzugsanlagen aktivieren, die Fenster öffnen, Personen warnen oder ihnen den kürzesten Weg zum Ausgang zeigen. Sofern nötig muss festgelegt sein, wer bei einer Grundwassergefährdung im Brandfall Sperrschieber schließt, Vorrichtungen absenkt, Kanaldeckel mit dafür vorgesehenen Hebeln abdreht oder mit schweren, chemikalienresistenten Matten abdeckt, um das Löschwasser zurückzuhalten.

f) **Vorbereitung für den Einsatz der Feuerwehr:** Es ist wichtig, dass die Feuerwehr schnell über die für sie relevanten Dinge informiert wird. Alle hierzu nötigen Maßnahmen sind aufzulisten. Dazu gehört, dass Stell-, Anfahr- und Bewegungsflächen für die Feuerwehr frei sind und die Feuerwehr an die Löschwasser-Entnahmestellen bzw. Hydranten zügig und problemlos herankommt. Weiter ist wichtig, einen geeigneten Ansprechpartner für die Feuerwehr zu benennen. Geeignet sind insbesondere der Brandschutzbeauftragte, der Brandschutzhelfer, der Betriebsleiter, der Haustechniker oder ein fähiger Hausmeister. Diese sollten die eintreffende Feuerwehr in Empfang nehmen, die Sachlage kurz erläutern und auf besondere Gefahren hinweisen.

g) **Nachsorge:** Nach einem Brand ist die Brandstelle entsprechend abzusichern. Die hierzu erforderlichen Maßnahmen sind aufzulisten. Beispielsweise muss geprüft und sichergestellt werden, dass sich das Feuer nicht neu entzünden kann. Die Entsorgung der entstandenen giftigen Stoffe ist zu regeln. Außerdem ist dafür zu sorgen, dass die Brandschutzeinrichtungen wieder hergerichtet werden, d. h. die Entrauchungsanlage, die Brandmeldeanlage, die Sprinkleranlage und ggf. auch die benutzten Handfeuerlöscher müssen wieder instand gesetzt werden.

h) **Anhang:** Pläne, Zeichnungen, Sicherheitsdatenblätter, Checklisten oder auch funktionsbezogene Merkblätter eignen sich für einen Anhang.

9.8 Feuerwehrpläne sowie Flucht- und Rettungspläne

Unternehmen brauchen immer dann **Feuerwehrpläne**, wenn diese von behördlicher Seite gefordert sind. In der Regel gilt dies für größere Niederlassungen, die mit gefährlichen festen, flüssigen und gasförmigen Stoffen in größeren Mengen umgehen. Ziel ist es, eine mögliche Gefährdung der bei einem Löscheinsatz beteiligten Feuerwehr sowie Umweltgefährdungen aufgrund kontaminierten Löschwassers zu vermeiden.

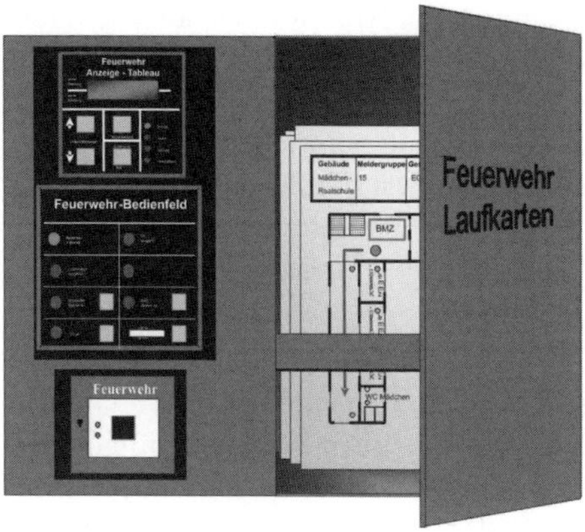

Abb. 54: Feuerwehr-Informationszentrale einer Brandmeldeanlage mit Bedienfeld und Anzeige-Tableau [Landesfeuerwehrschule Baden-Württemberg]

Die für Feuerwehrpläne relevante **DIN 14095** hat eine bestimmte Bandbreite, innerhalb derer man sich bewegen kann. Diese Pläne sind beispielsweise mit einem **quadratischen Gitter** übergezogen mit den grafisch dargestellten Abständen 10 m, 20 m oder 50 m. Weiter ist es erlaubt, die Pläne zu norden, oder das Unternehmen abzudrucken, wie es die Anfahrrichtung vorgibt. Hinsichtlich der **Papiergröße** ist es erlaubt, die Pläne in DIN A3 oder DIN A4 zu erstellen. Ist es der zuständige Einsatzleiter gewohnt, einen genordeten, eingeschweißten Plan in der Größe A3 mit einem 50-m-Raster zu lesen, tut er sich schwer mit einem losen 80-g/m^2-Blatt der Größe DIN A4 mit 20-m-Raster, ohne Angabe einer Himmelsrichtung. Daher empfiehlt es sich, vorab bei der zuständigen Feuerwehr nachzufragen, wie die Pläne üblicherweise aussehen, was auf ihnen enthalten sein soll, welche Rasterung angesetzt wird und welche Farben zu wählen sind. In der Regel haben die Feuerwehren hierfür eigene **„Ausführungsrichtlinien“**. Da ein Einsatzleiter im Einsatzfall vielleicht im Regen steht und somit feuchte Hände hat, ist es sinnvoll, die Pläne zu beschichten oder zu laminieren.

Die Einsatzleitung will und muss sich im Brandfall darauf verlassen können, dass die **Pläne aktuell** sind. Sobald also im Betrieb etwas Brandschutzrelevantes verändert wird, müssen auch die Pläne für die Feuerwehr verändert werden. Deshalb muss der Brandschutzbeauftragte die Unternehmensleitung darauf hinweisen, dass ihm sämtliche baulichen und verfahrenstechnischen **Veränderungen** sowie Verlegungen von Abteilungen, von Ein- und Ausgängen oder Veränderungen hinsichtlich der eingesetzten Stoffe **gemeldet** werden müssen. Der Brandschutzbeauftragte entscheidet dann, ob dies relevant ist, und lässt neue Pläne erstellen und übergibt diese gegen Unterschrift der Feuerwehr. Zur Verdeutlichung: Man stelle sich vor, ein Müllraum wird plötzlich zur Lagerung von Aluminiumspänen genutzt, was der Feuerwehr nicht mitgeteilt wird. Löscht nun die Feuerwehr, wird das Löschwasser aufgrund der extrem hohen Temperatur in Wasserstoff und Sauerstoff aufgespalten und der Wasserstoff verbrennt explosionsartig. Extreme Verletzungsgefahr für die Feuerwehr ist die Folge. Verantwortlich ist jetzt nicht der Einsatzleiter, sondern das Unternehmen, das diese wichtige Veränderung nicht gemeldet hat. Wie ein Feuerwehrplan aussehen kann, zeigt die Abbildung 55.

Anders als die Pläne für die Feuerwehr, die ausschließlich für Löscheinsätze gedacht sind, ist es mit **Flucht- und Rettungsplänen**. Diese sind für alle Menschen gedacht, die sich in einem von einem Brand betroffenen Gebäude befinden. Laut Arbeitsstättenverordnung sind solche Lagepläne erforderlich, wenn es aufgrund der Lage der Gebäude, der Architektur bzw. der Gebäudeausdehnung (verwinkelt, Stichflure) oder durch die Art der Nutzung des Gebäudes (viele Fremde oder Schutzbedürftige) nötig erscheint. Diese Pläne sind nach der **ASR A 1.3** (davor DGUV Vorschrift 9, vormals BGV A 8, davor VBG 125) zu erstellen. Die genaue **Ausführung** wird durch die **DIN ISO 23601** und die **DIN EN ISO 7010** beschrieben. Durch die DIN EN ISO 7010 wurde auf europäischer Ebene ein einheitlicher Standard für die Sicherheitskennzeichnung geschaffen. Dies trägt wesentlich zur Sicherheit der Menschen, die zwischenzeitlich sehr oft flexibel wechselnde Arbeitsplätze innerhalb Europas bedienen, bei. Die Flucht- und Rettungspläne müssen seitenrichtig bzw. **lagerichtig** an den Wänden hängen. Deshalb ist, bevor die Pläne gedruckt werden, anzugeben, an welcher Wand die Pläne aufgehängt werden sollen. Entsprechend wird dann der Plan um 90 Grad nach rechts oder links oder um 180 Grad gedreht. Die Pläne müssen gut sichtbar und fest montiert an der Wand hängen. Der Inhalt ist auf das im Brandfall **Wesentliche** zu reduzieren. So ist es in einem Hotel nicht nötig, in dem Plan die Grundrisse aller Räume, die Badezimmer der Nachbarzimmer, den Standort und die Anzahl der Betten und die Aufschlagsrichtung dieser Türen einzuzeichnen. Diese Informationen verwirren im Brandfall nur unnötig. **Wichtig** dagegen ist anzugeben, wo die Flure sind, wo Handfeuermelder, Wandhydranten, Feuerlöscher, Treppen und Ausgänge sind. Da diese Pläne für den Notfall wesentliche Informationen enthalten, um z. B. auf schnellstem Wege zu flüchten, sollten diese nicht nur im geschäftlichen Bereich beachtetet werden, sondern auch im privaten Umfeld, also z. B. im verdienten Urlaub im Hotel. Wie ein Flucht- und Rettungsplan aussehen kann, zeigt die Abbildung 56.

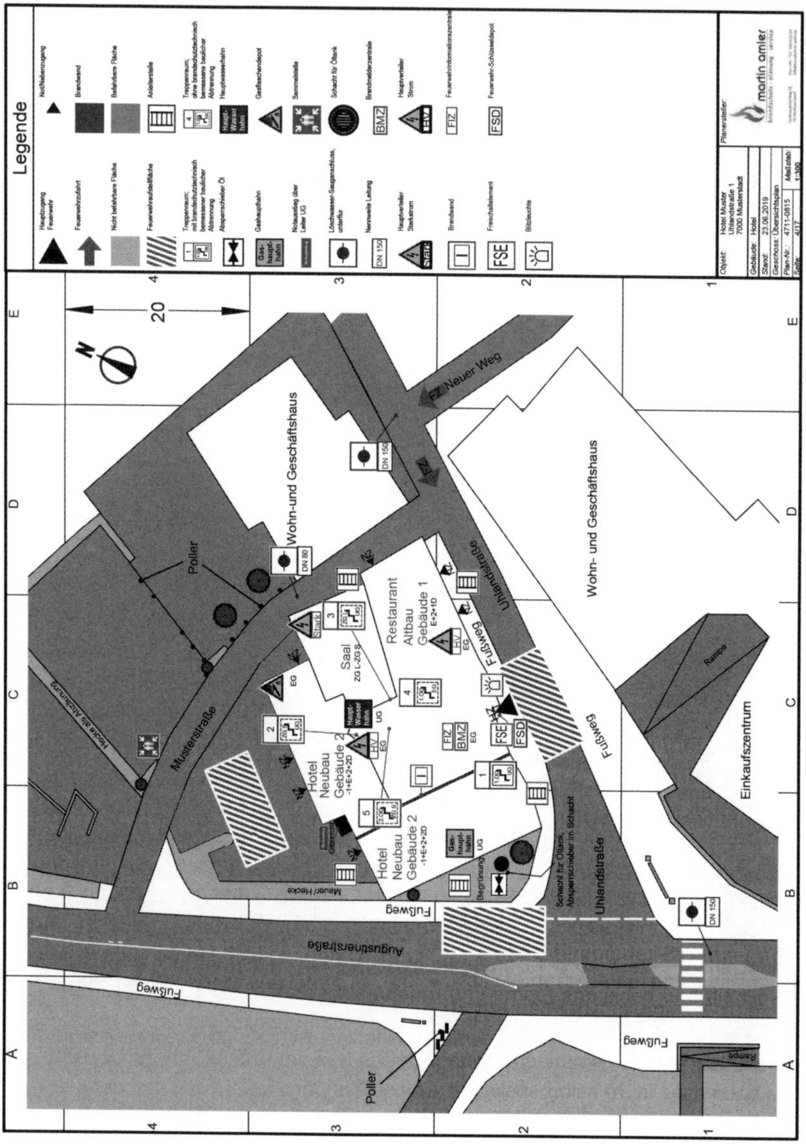

Abb. 55: Beispiel eines Feuerwehrplanes auf Grundlage der DIN 14095 [M. Amler]

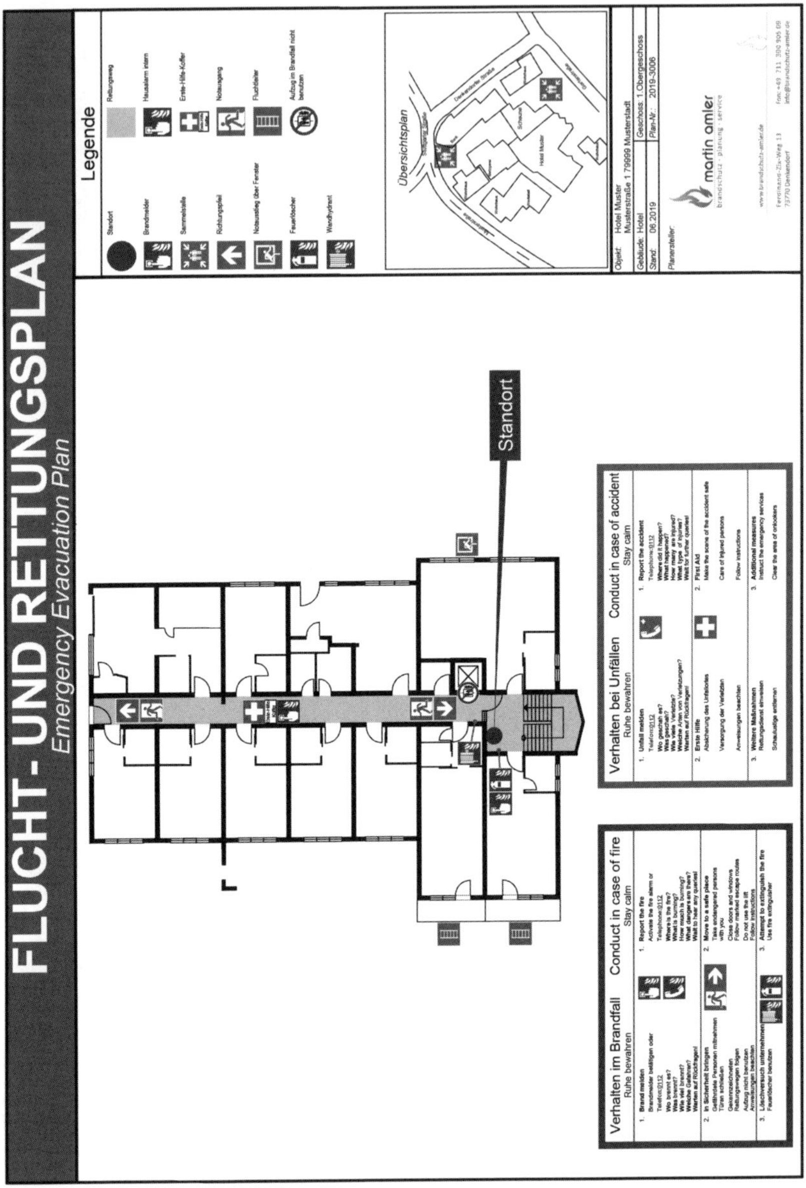

Abb. 56: Beispiel eines Flucht- und Rettungsplanes auf Grundlage der DIN 23601 und der Sicherheitszeichen auf Grundlage der DIN 7010 [M. Amler]

9.9 Kontrollfragen

Zur Überprüfung des in diesem Kapitel vermittelten Fachwissens folgen acht Fragen, deren Antworten sich wieder am Ende des Buchs finden. Mehrfachnennungen sind teilweise möglich.

Kontrollfragen

1. **Wo wird die brandschutzgerechte Schulung der Mitarbeiter alle 2 Jahre für Gebäude oder Gebäudeteile im Bereich der Industrie und des Gewerbes, die der Produktion oder Lagerung von Produkten oder Gütern dienen, gefordert?**
   a) DGUV-Vorschrift 1,
   b) Industriebau-Richtlinie,
   c) Landesbauordnung,
   d) Baugenehmigung,
   e) Arbeitsstätten-Regel ASR A2.2,
   f) Das wird nicht gefordert.

2. **Aus welchen Teilen besteht eine betriebliche Brandschutzordnung für Unternehmen?**
   a) Gemäß DIN 14 096 aus den drei Teilen A (Aushang), B (Informationen für alle Mitarbeiter) und C (Vorgaben für Personen, die in Notsituationen besondere Aufgaben haben).
   b) Gemäß DIN 14 096 aus den fünf Teilen A (Aushang für das Verhalten im Brandfall), B (Aushang für das Verhalten, um Brände zu vermeiden), C (Informationen für alle Mitarbeiter), D (Informationen für Fremde, Besucher, die sog. „Dritten") und E (Vorgaben für Personen, die in Notsituationen wie z. B. Bränden besondere Aufgaben haben).
   c) Gemäß DIN 4102 aus den Teilen I, II und III (Aushang, Schulung, Verhalten).
   d) Gemäß VdS 1495 muss die Brandschutzordnung der Arbeitsplatzeinweisung entsprechen.
   e) Es gibt keine betrieblichen Brandschutzordnungen.
   f) Gemäß DIN EN 13501 aus den drei Teilen: 1. (präventives Verhalten), 2. (kuratives Verhalten) und 3. (Wiederherstellung).

3. **Wie geht man mit den nachfolgend genannten Abfällen nach Arbeitsende um und wo lagert man sie?**
   Ölgetränkte Lappen
   Batterien
   Papier
   Holz-Schleifstaub
   Medikamentenbehälter in Kliniken
   Lebensmittelreste aus der Küche

▷

Kontrollfragen (Fortsetzung)

4. An welchen Terminen sollte der Brandschutzbeauftragte teilnehmen?

a) Aus juristischen Gründen (wg. möglicher Schadenersatzpflicht) sollte man an keiner Besprechung teilnehmen und lediglich nach Bränden aktiv werden.
b) Arbeitsschutz-Ausschutzsitzung.
c) Neubauvorhaben sowie bei baulichen oder verfahrenstechnischen Umbaugestaltungen.
d) Begehungen mit der Feuerwehr.
e) Wenn geplant ist, die Gebäude zu dämmen.
f) Begehungen mit dem Feuerversicherer.

5. Welche Unternehmen müssen Flucht- und Rettungspläne aushängen?

a) Jedes Unternehmen, unabhängig von der Größe.
b) Nur Unternehmen, bei denen Dritte (Fremde, Besucher, Kunden) die Gebäude besuchen.
c) Flucht- und Rettungspläne sind nötig, wenn es Lage, Art der Nutzung oder Gebäudeausdehnung erforderlich machen.
d) Diese Pläne sind nur gefordert, wenn sich > 200 Personen in einem Gebäude aufhalten.
e) Fluchtwegpiktogramme sind ausreichend.
f) Ausschließlich in Verkaufsstätten > 2.000 m^2.

6. Wo sind brennbare Flüssigkeiten am besten zu lagern?

a) Am Arbeitsplatz, solange jemand anwesend ist.
b) Am Arbeitsplatz, solange niemand anwesend ist.
c) Im Dachstuhl (wenn er nicht anderweitig genutzt wird).
d) Im Keller, wenn sich dort keine Aufenthaltsbereiche befinden.
e) In eigens dafür vorgesehenen Räumlichkeiten.
f) In Gefahrstoffschränken (maximales Volumen: 1 m^3) in Arbeitsräumen, wenn diese Schränke feuerbeständig sind.

7. Das Unternehmen will Brandschutzhelfer ausbilden. Wer darf das?

a) Nach der DGUV Information 205-023 auch der Brandschutzbeauftragte.
b) Ausschließlich eine vom VdS dafür zugelassene Schulungsstätte.
c) Das muss der Feuerversicherer durchführen (kostenpflichtig).
d) Ausschließlich CÜS-berechtigte Schulungsstätten.
e) Diese Unterweisung muss jeder Vorgesetzte selber abhalten.
f) Ausschließlich die Schulungsstätten von DEKRA, TÜV und GDV. ▷

Kontrollfragen (Fortsetzung)

8. Ein Unternehmen besteht aus einer Produktion, einem Lager, hat eine Verwaltung sowie Kantine, verfügt über eine 500-kW-Heizung, hat Freibereiche und ein Parkhaus. Auf was achtet der Brandschutzbeauftragte bei Brandschutzbegehungen in den genannten Bereichen besonders?

Nennen Sie jeweils zwei Punkte.

____

____

____

____

9

10 Brandschutzmanagement

Prüfungsrelevanz

Das Thema **Brandschutzmanagement** mag manchen Brandschutzbeauftragten überfordern, aber es bekommt zunehmend Bedeutung und ist bei näherer Betrachtung durchaus handhabbar; ein effektives Brandschutzmanagement ist nämlich die wesentliche Voraussetzung zur Minimierung der betrieblichen Brandgefahren. Auch in der mündlichen Prüfung werden daher Fragen zu diesem Sachgebiet gestellt.

Brandschutzmanagement bedeutet, dass der Brandschutz in ein **vernetztes Betriebssystem** komplett integriert wird. Eingebunden wird der Brandschutz sowohl in die verfahrenstechnischen Bereiche als auch in die sonstigen betrieblichen Abläufe. Zu modernem Brandschutzmanagement gehört, dass ein Gebäude von der Planung über die komplette Nutzungsdauer bis hin zum Abriss durchdacht wird. Das betrifft auch die Auswahl und die Verbindung von Materialien, berücksichtigt Entsorgungskosten, Nutzungsänderungen während der Betriebs- bzw. Nutzungszeit und unterschiedliche Schutzniveaus für diese Bereiche. Der Brandschutzbeauftragte soll und muss sich hier einbringen, z.B. bei der Wahl der Gebäudeisolation, der sinnvollen und nötigen Brandlöschtechnik oder der Hilfe zur richtigen Auswahl einer möglichst fehlalarmfreien Branddetektion.

Zum Brandschutzmanagement gehören des Weiteren moderne Gefahrenmeldeanlagen, die nicht mehr autark, sondern zentral verbunden sind, einheitlich informieren, untereinander kommunizieren und bestimmte Schaltungen und Meldungen automatisch vornehmen – und dennoch den Eingriff von Menschen in vielen Bereichen zulassen. Bedeutung haben Aufzugs-Steuerungen, die mit Brandmeldeanlagen verbunden sind und automatisiert Etagen anfahren, aus denen kein Brand gemeldet wird und von denen man ins Freie gelangen kann. Auch gibt es inzwischen besonders gesicherte Aufzugsanlagen (meist sind das Feuerwehraufzüge), die der Feuerwehr als Angriffsweg dienen, oder um gesteuert durch die Feuerwehr, körperlich beeinträchtigte Personen nach unten bringen zu können. Moderne Brandmelder haben mehrere Sensoren und vergleichen die ansteigenden Schwellenwerte mit abgespeicherten Referenzwerten; so können z.B. bei erhöhter CO-Messung bzw. CO_2-Messung über die Brandmeldeanlage automatisch die Belüftungsanlagen hochgefahren werden.

Wichtig ist zu wissen, dass ein Brandschutzmanagement-System immer **individuell** erstellt werden muss, auch für gleichartige Unternehmen, und dass die vorgefundenen baulichen, anlagentechnischen und organisatorischen Brandschutzmaßnahmen sowie individuelle verfahrenstechnische und personalbezogene Umstände zu berücksichtigen sind. Dem Thema Brandschutzmanagement nähern kann man sich am besten anhand der vom Verband der Schadenversicherungen herausgegebenen **Richtlinie VdS 2009**. Das Schöne an dieser VdS 2009 ist, dass sie keinen absoluten Ablaufplan vorgibt, sondern einen sich ständig verbessernden Kreislauf – denn am Ende angekommen ist man sozusagen wieder am Anfang und somit bereit, das System erneut zu verbessern und mit den jetzt aktuellen Vorgaben oder Erfahrungen abzugleichen. Dieser aus der Brandschadenerfahrung kommende Leitfaden gibt die folgenden Kriterien für die Erstellung eines Brandschutz-Management-Systems vor:

1. **Schutzziele definieren**
   Das heißt Gefahren für Personen abwenden, betriebliche Gefahren minimieren, gesetzliche Bestimmungen einhalten, risikotechnische Aspekte berücksichtigen, versicherungsrechtliche Vorgaben umsetzen, Arbeitsschutzvorgaben kennen und die verschiedenen Unternehmensarten individuell berücksichtigen.
2. **Bestand aufnehmen**
   Das bedeutet Brandlasten, Zündquellen, Technikversagen, Brandschutztechnik, die Gefahrenmöglichkeit menschliches Fehlverhalten, Unzulänglichkeiten in der innerbetrieblichen Kommunikation – und damit verbunden mögliche Schnittstellenprobleme – und Organisationsverschulden/Pflichtverletzungen berücksichtigen.
3. **Brandrisiken analysieren**
   Wo können Zündquellen auf Brandlasten treffen? Welche Gefahren entstehen unmittelbar und mittelbar? Brände – unabhängig vom Schadenausmaß – und auch alle stattgefundenen Beinahebrände im Unternehmen analysieren. Weiter wird empfohlen, PML-Überlegungen anzustellen, d.h. Probable Maximum Loss (PML) = realistisch-negativ geschätzter wahrscheinlich eintretender Höchstschaden ohne Berücksichtigung von Brandschutztechnik. EML-Überlegungen anstellen, d.h. Estimated Maximum Loss (EML) = realistisch-positiv wahrscheinlich eintretender Schaden unter Berücksichtigung der vorhandenen Brandschutztechnik. Dann PML in Relation zu EML setzen: Je größer die Differenz, desto besser. Die Folgen von Betriebsunterbrechungen aufgrund von Bränden an verschiedenen Stellen im Unternehmen abwägen. Die maximalen Schadenskosten für das Unternehmen kalkulieren.

10

4. **Maßnahmen planen, beauftragen, überwachen, umsetzen**
   Das heißt, verfahrenstechnische, bauliche, anlagentechnische, organisatorische, abwehrende, versicherungstechnische, standortbezogene und vertragliche Maßnahmen festzulegen; Alternativen zu den Maßnahmen sind zu erarbeiten, auf mögliche Überschneidungen ist zu achten. Zum Beauftragen von Maßnahmen gehört es auch, Angebote einzuholen und auszuwerten sowie die Abwägung von Anschaffungs- und Unterhaltskosten nicht unberücksichtigt zu lassen. Zum Überwachen gehört ein Pflichtenheft; man muss Störungen des betrieblichen Ablaufs ebenso wie zeitliche Vorgaben berücksichtigen, die Qualität möglichst objektiv erkennen und prüfen, ob alle Unterlagen/Papiere vorliegen.
5. **Ergebnisse auswerten**
   (Siehe unten.)
6. **Schutzziele prüfen**
   Gesetzliche, behördliche, versicherungsvertragliche und firmeninterne Vorgaben sind einzubeziehen.
7. **Effektivität prüfen**
   Prüfung hinsichtlich Akzeptanz in der Belegschaft, möglichen Verbesserungen oder auch Alternativen sowie deren Nachteile; ggf. ist die Optimierung des Bestands möglich.
8. **Verbesserungen, Alternativen erarbeiten**
   Hierunter fallen neue gesetzliche bzw. behördliche Vorgaben, eine optimierte Technik – Hardware, Software – und verfahrenstechnische Verbesserungen.

Zu Punkt 5 (Ergebnisse auswerten): Zunächst legt man die für das geplante Projekt brandschutzrelevanten **Kriterien** fest (ggf. mit einem wertenden Faktor). Anschließend nimmt man auf dieser Grundlage eine **Klassifizierung** in ein numerisches Schema vor. So entsteht ein objektives Ergebnis, beispielsweise zur Brandgefährdung im Unternehmen. Nutzen lässt sich diese Vorgehensweise auch, um zum Beispiel Angebote für Brandmeldeanlagen, Handfeuerlöscher oder Sprinkleranlagen von verschiedenen Firmen zu vergleichen. Durch einen wertenden **Multiplikationsfaktor** lassen sich individuell weitere Punkte wie laufende Kosten (Unterhalt, Wartungsservice), Bedienerfreundlichkeit oder sonstige für das Unternehmen wichtige Umstände besonders berücksichtigen. Konkret kann eine Auswertung von Angeboten, beispielsweise zu einer Sicherheits-Leitzentrale, dann wie folgt (vereinfacht) aussehen:

Kriterien (mit/ohne Wertung)	**Fa. A**	**Fa. B**	**Fa. C**
Benutzeroberfläche	90	90	50
Anwenderfreundlichkeit	90	75	60
Systemtechnik/Zuverlässigkeit	90	80	90
Schnittstellen zu Subsystemen	100	90	75
Kosten: Hard-/Software, Wartung	50	70	80
Vollständigkeit des Angebots	100	100	90
Bewertung (Summe)	**520**	**505**	**445**

Tab. 19: Kriterien zur Bewertung eines Brandschutz-Managementsystems (Beispiel)

Punktebewertung:

100 Übertrifft Anforderungen in allen Punkten

90 Übertrifft Anforderungen in einigen Punkten

75 Erfüllt alle Anforderungen

60 Erfüllt die meisten Anforderungen

50 Erfüllt die Anforderungen nur teilweise

40 Erfüllt wesentliche Anforderungen nicht

0 Erfüllt keine der Anforderungen

Anmerkung: Dieses Vorgehens-Schema ist schon die höhere Schule des Brandschutzmanagements und sollte nur von Personen angewandt werden, die sich bei anderen absichern bzw. absprechen und die über eine große Berufserfahrung verfügen.

10.1 Gefährdungsbeurteilung und Risikobewertung

Eng mit dem Brandschutzmanagement hängt der Themenkomplex **Gefährdungsbeurteilungen** zusammen. Bei einer Gefährdungsbeurteilung handelt es sich um die systematische **Ermittlung** und **Beurteilung** relevanter **Gefährdungen** von Menschen im Gefahrenbereich mit dem Ziel, effektive Schutzmaßnahmen abzuleiten. Für alle möglicherweise gefährlichen Tätigkeiten muss es in Unternehmen solche Beurteilungen geben.

10.1.1 Erstellung einer Gefährdungsbeurteilung

Für die **Erstellung** brandschutztechnischer Gefährdungsbeurteilungen sind insbesondere die folgenden Technischen Regeln für Gefahrstoffe (TRGS) sowie die Technischen Regeln für Betriebssicherheit (TRBS) hilfreich:

- **TRGS 400** für Tätigkeiten mit Gefahrstoffen,
- **TRGS 420** für Verfahrens- und stoffspezifische Kriterien (VSK),
- **TRGS 510** zur Lagerung von Gefahrstoffen in ortsbeweglichen Behältern,
- **TRGS 800** Brandschutzmaßnahmen, Erkennung und Vermeidung von Brandgefährdungen bei Tätigkeiten mit brennbaren Stoffen,
- **TRGS 720, TRGS 721, TRGS 722** bei Vorliegen von Explosionsgefahren,
- **TRGS 600** gibt Tipps, wie brennbare und oxidierbare Stoffe durch harmlosere ersetzt (also substituiert) werden können,
- **TRBS 2152, TRGS 727** um die Zündquellen beurteilen zu können,
- **ASR A 2.2** für Brandverhütung in Arbeitsstätten,
- **ArbSchG, § 5** für Arbeitsbedingungen in Arbeitsstätten.

Die **TRGS 800** gibt den aktuellen Stand der **(Sicherheits)technik** vor und behandelt diejenigen Tätigkeiten mit brennbaren oder oxidierbaren **Gefahrstoffen**. Sie fordert, eine ganzheitliche Gefährdungsbeurteilung vorzunehmen, die alle für die Entstehung, Ausbreitung und Auswirkung eines Brands relevanten Faktoren einschließt. Der Beurteilungsvorgang ist unter Berücksichtigung der verschiedenen **Betriebszustände** im Unternehmen durchzuführen. Dabei sind insbesondere der Normalbetrieb (einschließlich aller dazugehörigen Tätigkeiten), die In- und Außerbetriebnahme von Anlagen, Betriebsstörungen sowie nicht bestimmungsgemäßer Betrieb (z.B. zu erwartende Fehlanwendung von Arbeitsmitteln) zu betrachten. Betriebszustände, welche gesonderte Maßnahmen erforderlich machen, wie zum Beispiel die Instandhaltung (Wartung, Inspektion, Instandsetzung, Verbesserung) sowie die In- und Außerbetriebnahme von Sicherheitseinrichtungen verlangen eine getrennte Betrachtung.

Aufgrund der enormen Wichtigkeit der TRGS 800 sei jedem Brandschutzbeauftragten empfohlen, sich die betreffenden Inhalte anzueignen, bzw. als Grundlage für die eigenen Gefährdungsbeurteilungen zu verwenden. Sind Gefahrstoffe im Unternehmen vorhanden, so ist auch die **TRGS 400** zu lesen; deren wichtigster Satz für den Brandschutzbeauftragten lautet wohl: „Werden für die Durchführung von Arbeiten in einem Betrieb Fremdfirmen beauftragt und besteht die Möglichkeit einer gegenseitigen Gefährdung, … haben alle [Beteiligten] bei der Gefährdungsbeurteilung zusammenzuwirken und sich abzustimmen."

Die **TRGS 510** behandelt **Gefahrstoffe** in **ortsbeweglichen Behältern**. Geregelt wird das Verhalten bei freigesetzten Stoffen, der Transport, die Ein- und Auslagerung sowie gewisse Betriebszustände. Daher ist auch diese TR mit ungefähr 70 Seiten für die Arbeit eines Brandschutzbeauftragten von großer Bedeutung. Keine Gültigkeit hat diese TRGS für Arbeits- und Produktionsvorgänge, das Umfüllen, Entnehmen, die Reinigung oder Wartung – hier ist die **TRGS 400** zu Rate zu ziehen, wobei die TRGS 510 als Erkenntnisquelle Verwendung finden darf. Der eine Gefährdungsbeurteilung erstellende Brandschutzbeauftragte soll sich von dem dort zu findenden Begriff „Kleinmengen" nicht irritieren lassen, denn unter „Kleinmengen" werden Mengen bis zu 50 kg bezeichnet und als „gefahrdrohend" erst Mengen ab 200 kg. Nun ist nachvollziehbar, dass bereits „Kleinstmengen" eines gefährlichen Stoffes von beispielsweise 0,1 kg bzw. 0,1 l erhebliche Verletzungsgefahren bergen können. Will heißen: Eine Gefährdungsbeurteilung erkennt Gefahren und legt Vorsorge- und Gegenmaßnahmen verbindlich fest, auch wenn der Gesetzgeber diese noch nicht absolut fordert. So ist es beispielsweise erlaubt, für die Aufbewahrung von brennbaren oder gefährlichen Flüssigkeiten bis zu einer Menge von einem Liter (Glas-)Behälter bereitzustellen. Nun mag es sinnvoller sein, auch für solche Kleinmengen bereits nicht zerbrechliche Behälter anzuschaffen – somit kann fahrlässiges Verhalten, und damit muss man früher oder später rechnen, nicht zu einer Gefahr werden. Es gilt: Prävention vor Reaktion!

Abb. 57: Durch Gefährdungsbeurteilungen Gefahren erkennen (alte Glasflasche mit 1 Liter Brennspiritus, zerbrechlich) und konkrete Vorsorge- und Gegenmaßnahmen festlegen – besser ein nicht zerbrechliches und nicht brennbares Behältnis zur Aufbewahrung wählen [Friedl]

Darüber hinaus sind die Vorgaben des **Störfallrechts** und ggf. auch des **Sprengstoffrechts** zu beachten, bei Explosionsgefährdungen noch die **TRGS 720 ff.** sowie die **TRBS 2152 ff.** Der **TRBS 2152** lassen sich in diesem Zusammenhang Anhaltspunkte entnehmen, welche Zündenergien einen Brand oder gar eine Explosion auslösen können. Zu nennen sind hier beispielsweise:

- **Wärme** (Heizungen, Laser, Schweißspritzer),
- **elektrische Energien** (Lampen, Strahlungen, Kurzschluss, Lichtbogen, Erdungsfehler, Schutzleiterströme, Blitz, Entladungen, Überlastungen, lose Kontakte),
- **mechanische Energien** (Reibung, Schlag, Stoß, Kompression, Schleifen),
- **chemische Energien** (Selbstentzündung, katalytische oder exotherme Reaktionen).

Weiter werden in der **Technischen Regel 2152** als konkrete Hilfe für den Brandschutzbeauftragten bei Gefährdungsbeurteilungen die folgenden **Themenkomplexe** genannt: Mengenreduzierung, Brandlastbegrenzung, Fluchtermöglichung, Vermeidung der Brandentstehung, Branddetektion, Personenminimierung, Personenrettung, Standfestigkeit der Gebäude und Anlagen.

Für Beschäftigte und Dritte ergeben sich Gefährdungen insbesondere aus Rauch, weiteren (immer toxischen) Brandfolgeprodukten, Wärme sowie dem Versagen von Bauteilen. Zur Beurteilung der **Brandgefährdung** muss ermittelt werden, an welchen Orten, in welchen Mengen und in welchem Zustand brennbare oder oxidierende Gefahrstoffe bei Tätigkeiten vorhanden sind oder entstehen können. Bei besonders großen Gefährdungen gibt es Einzelanalysen. Der Unternehmer muss wissen, dass er seine Mitarbeiter erst nach Beurteilung und getroffenen Schutzmaßnahmen an den Arbeitsplätzen arbeiten lassen darf. Risikospezifische Kriterien indes sind der TRGS 420 zu entnehmen.

Für die **ganzheitliche** Beurteilung der **Brandgefährdung** sind die folgenden Punkte insbesondere von Bedeutung:

- vorhandene **Gefahrstoffe** und deren Eigenschaften,
- **Brandausbreitung** in der Anfangsphase,
- auftretende **Brandfolgeprodukte**, z.B. Partikel, Rauchgase sowie Brandrückstände (dabei sind auch gefährdungserhöhende Faktoren, z.B. das Vorhandensein brandfördernder Gefahrstoffe zu berücksichtigen),
- eingesetzte **Arbeitsmittel** (einschließlich Anlagen),
- Betriebsweise von Anlagen,

Brandlasten	Zündquellen	Mängel, Wertung	1. Fluchtweg	2. Fluchtweg	Anzahl der Personen	Art der Personen	Sicherheitstechnik
Einstufung: leicht-, normal- oder schwerentflammbar, Mengen, Vertikale Lage, Zustand (offen, verpackt), Substituiert, Gekapselt, Minimiert, Im Fluchtweg, Vermeidbar	Qualitativ und quantitativ, Ort und Zündfähigkeit, Ggf. mitgebrachte Elektrogeräte, Blitzschlag, Brandstiftung, Selbstentzündung, Gekapselt, Vermeidbar, Substituiert	Brandlasten im Flur, Notstrom oder RWA defekt, Nicht unterwiesene Belegschaft, Entwendete Feuerlöscher, Fehlende Abfallentsorgung	Länge in m, Brandlastfrei, Beleuchtung, Stufen, Notstrom, Breite, Ausbildung der zuführenden Türen, Übergang zum öffentlichen Grund sicher	Art: Baulich gegeben, trag- bzw. fahrbare Leitern der Feuerwehr, Freibereiche, Notbeleuchtung, Fest montierte Leiter	1 < 20 < 50 < 100 < 200 ≥ 200 > 1.000 > 10.000 > 100.000	Ausschließlich bzw. primär Mitarbeiter, primär Fremde, Dritte, Kinder (schon gehfähig?), Kranke, beeinträchtigte Personen, aggressive Personen	Alarmierung aller, Notstrom, Beleuchtung, Löschanlagen, Brandmeldeanlagen, Handfeuerlöscher, Wandhydranten, Brandwände, Entrauchung, Hilfskräfte

Tab. 20: Beurteilungsschema Gefährdungs- und Risikobewertung im Brandschutz

- **Arbeitsverfahren** (mit offener Flamme oder hohen Temperaturen),
- **bauliche** Gegebenheiten, die **örtlichen** und **betrieblichen** Gegebenheiten,
- Arbeitsbedingungen, -organisation und -umgebung,
- mögliche **Wechselwirkungen**.

Bei Einhaltung der jeweils aktuellen Technischen Regel kann man davon ausgehen, dass die Mindestziele der sicherheitstechnischen Gesetzgebung erfüllt sind – was nichts anderes bedeutet, als dass es wohl keine Schäden, und wenn doch, zumindest keine juristischen Haftungsprobleme geben sollte. Wählt man andere Lösungen – und dies ist ausdrücklich möglich und manchmal auch wünschenswert (sonst gäbe es keinen technischen Fortschritt) –, müssen diese Alternativmaßnahmen nach objektiven Kriterien mindestens dasselbe Schutzniveau erreichen.

Der vorstehende achtteilige Vorschlag zur **Ermittlung** der relevanten **Gefährdungsgrößen** für ein mögliches **Beurteilungsschema** Brandschutz berücksichtigt neben der Anzahl der Personen auch die Qualifikation der Personen: Sind diese ortskundig/ortsunkundig, mit den räumlichen Gegebenheiten vertraut, gesund/beeinträchtigt, die Ausbildung sowie bezüglich der baulichen Gegebenheiten die Art des 1. und 2. Fluchtwegs, welche Gefahren tagsüber (z.B. Produktionsanlagen, Raucherverhalten) und welche Gefahren nachts (z.B. Ladegeräte, Brandstiftung) entstehen. Jedes Gebäude, jeder Bereich ist einzeln zu beurteilen, was auch regelmäßig kritisch zu überprüfen ist.

Hat man auf dieser Grundlage die relevanten Gefährdungsgrößen ermittelt, ist in einem zweiten Schritt ein wertender **Abgleich** zwischen dem **IST-Zustand** und dem **SOLL-Zustand** vorzunehmen. Hierbei sollten mehrere Personen aus den betroffenen Fachbereichen hinzugezogen werden, wie beispielsweise Verfahrenstechniker oder externe Analytiker von der Feuerwehr, Ingenieure oder Fachkundige von der zuständigen Berufsgenossenschaft oder der Feuerversicherung. Am Ende muss eine wertende Beurteilung mit konkreten Maßnahmen stehen. Ziel muss sein, das **Brandrisiko** zu minimieren; dieses setzt sich mathematisch aus der Multiplikation von Brand-Schadenshäufigkeit mit der Brand-Schadenschwere zusammen:

$$\mathbf{B_R = S_H \times S_S}$$

$\mathbf{B_R}$ = Brandrisiko [Kosten/Jahr]

$\mathbf{S_H}$ = Schadenshäufigkeit [Schäden/Jahr]

$\mathbf{S_S}$ = Schadenschwere [Kosten/Schaden]

Hat man nun das Brandrisiko ermittelt, stellt sich die Frage, in welcher **Reihenfolge** brandrisikomindernde Punkte umzusetzen sind. Bei der Rangfolge der vorzunehmenden Maßnahmen orientiert man sich heutzutage an dem Kürzel „**STOP**". Man beginnt bei der ersten Stufe (S) und prüft, ob sie realisierbar ist. Ist sie das nicht, prüft man alle Möglichkeiten der zweiten Stufe (T), dann die der dritten (O); erst wenn die ersten drei Wege nicht möglich oder nicht ausreichend sind, muss Stufe vier verwirklicht werden. Die einzelnen Buchstaben bedeuten:

- **„S"** steht für Substitution und ist primär zu beachten. Es geht also darum, ob sich brennbare Stoffe (Ausgangsmaterialien, Reinigungsmittel, Dämmstoffe) durch nichtbrennbare ersetzen lassen.
- **„T"** steht für technische und bauliche Maßnahmen wie etwa Absaugung, Detektion, automatisches Löschen, Brandschutztüren oder Brandwände.
- **„O"** steht für organisatorische Maßnahmen wie Brandschutzordnungen erstellen und vorstellen, Unterweisungen durchführen und die richtigen Verhaltensregeln für den Normal- und Sonderfall aufstellen.
- **„P"** schließlich steht für personenbezogene Maßnahmen und das bedeutet, dass die Gefahr dort, wo sie sich schädigend auswirken kann, zu minimieren ist, also am Körper der gefährdeten Mitarbeiter; das wären dann entsprechende Schutzkleidungen.

10.1.2 Überprüfung der Gefährdungsbeurteilung

Hat man auf dieser Grundlage einen ersten Entwurf einer **Gefährdungsbeurteilung** erstellt, kann man anhand der nachfolgenden, exemplarisch ausgewählten **Fragen** überprüfen, ob man die wichtigsten Punkte beachtet hat:

- Liegt eine Beschreibung der Tätigkeiten vor?
- Sind alle Betriebszustände beurteilt?
- Ist die Art der Verwendung der Stoffe beschrieben?
- Ist der Gefahrenbereich klar definiert?
- Darf diese Aktivität hier stattfinden?
- Gibt es körperlich/geistig benachteiligte Personen?
- Sind alle Zündquellen ermittelt und bewertet?
- Sind Substitutionsmöglichkeiten geprüft?
- Sind die Stoffe minimiert?
- Passen die Flucht- und Rettungswege zur Bedrohung?
- Sind zusätzliche Maßnahmen zum Löschen nötig?
- Sind besondere Brandmelde- oder Brandlöschtechniken nötig?

- Wird Hilfstechnik (Entrauchung, Notstrom) benötigt?
- Sind alle ausreichend qualifiziert?
- Gibt es eine Zutrittsregelung?
- Ist persönliche Schutzausrüstung (PSA) nötig?

Zusammenfassend bedenkt der professionelle Brandschützer bei Risikobeurteilungen und Begehungen also stets die folgenden vier Punkte, die in der folgenden Abbildung 59 abschließend geprüft werden können:

- **Wo** sind Brandlasten, wie sind diese eingestuft (schwer-/normal-/leicht-entflammbar)?
- **Wo** sind potentielle Zündquellen, sind diese ausreichend von den Brandlasten entfernt?
- **Wie** kann man am vorgefundenen Ort (Arbeitsplatz, Raum, Firmengelände) die Brandschadenhäufigkeit minimieren?
- **Wie** kann man die Brandschadenschwere minimieren?

Abb. 58: Gefährliche Lagerung von Abfall und sonstigen brennbaren Gegenständen auf dem Firmengelände [Friedl]

10

10.2 Kontrollfragen

Zur Überprüfung des in diesem Kapitel vermittelten Fachwissens folgen fünf Fragen zum Thema „Brandschutzmanagement“, wobei Mehrfachnennungen teilweise möglich sind. Die entsprechenden Antworten finden sich am Ende des Buches.

Kontrollfragen

1. **Was wird bei einer Gefährdungsbeurteilung berücksichtigt?**
   a) Die eingesetzten Stoffe.
   b) Vorhandene Energien.
   c) Die Inhalte der Datensicherheitsblätter.
   d) Art und Anzahl der Personen im Gebäude.
   e) Neben dem Brandschutz auch Arbeits-, Gesundheits-, Strahlen- und Umweltschutz.
   f) Relevante Inhalte von Vorgaben der Berufsgenossenschaft, Technische Regeln.

2. **Wer sollte das Brandschutzmanagement erstellen?**
   a) Die Geschäftsleitung.
   b) Der Brandschutzbeauftragte.
   c) Die Abteilungsleitung.
   d) Der Betriebsrat.
   e) Die Fachkraft für Arbeitssicherheit.
   f) Eine sinnvolle Zusammenarbeit dieser genannten Personen.

3. **Erklären Sie das Prioritätenmodell S-T-O-P an einem realistischen Beispiel Ihrer Wahl. Dabei geht es um Brandschutzlösungen in einem Unternehmen.**

4. **Wie reduziert man Brandschadenhäufigkeit (S_h) und Brandschadenschwere (S_s) in folgenden Bereichen?**

Unternehmensbereich	Brandschadenhäufigkeit (S_h)	Brandschadenschwere (S_s)
Bürobereiche mit elektrischen Geräten		
Tiefgarage für Mitarbeiter und Besucher		
Kunststoffproduktion, Lackierung und Montage		
Transport von Propangasflaschen		

5. **Die VdS 2009 gibt Empfehlungen für Erstellung eines Brandschutz-Management-Systems. Führen Sie die wesentlichen auf.**

10

11 Abschlussprüfung

Wer die Ausbildung zum Brandschutzbeauftragten macht, der wird diese mit einer **Abschlussprüfung** beenden, um das Zertifikat „Brandschutzbeauftragte/r“ zu erhalten. In der Prüfung geht es primär darum zu zeigen, dass man sachgerecht werten, Situationen einstufen und Abhilfevorschläge erarbeiten kann. Das reine Auswendiglernen von Wissen steht nicht im Vordergrund. Die angehenden Brandschutzbeauftragten müssen vielmehr wissen, wo nachzulesen ist, um relevante Informationen zu finden, und sie müssen effektive und wirtschaftliche Kompensationsvorschläge erarbeiten können. Die Abschlussprüfung sieht bei Brandschutzbeauftragten so aus, dass immer eine schriftliche Prüfung zu absolvieren ist und überwiegend auch eine mündliche Prüfung. Darüber hinaus kann es noch eine Gruppenarbeit geben, oder aber diese Gruppenarbeit wird als mündliche Prüfung angerechnet.

11.1 Schriftliche Prüfung

Die **schriftliche Abschlussprüfung** für zukünftige Brandschutzbeauftragte dauert 90 Minuten und umfasst meist **60 Fragen**, die sich anteilmäßig auf die folgenden Stoffgebiete beziehen können (aber nicht müssen):

Inhalte	**Fragen**
Rechtliche Grundlagen	4
Brandlehre	3
Brand- und Explosionsgefahren	7
Baulicher Brandschutz	8
Anlagentechnischer Brandschutz	8
Handbetätigte Geräte zur Brandbekämpfung	2
Organisatorischer Brandschutz	16
Brandschutzmanagement	8
Behörden, Feuerwehren, Versicherungen	4
Summe	**60**

Tab. 21: Umfang der Abschlussprüfung nach der DGUV-Information 205-003

Mindestens **60 %** der Fragen müssen **richtig** beantwortet worden sein (≥ 36). Die Fragen sollen primär so gestellt sein, dass man sie durch selbst geschriebene Sätze beantwortet. So lässt sich besser beurteilen, ob Wissen sinnvoll angewandt wird und Zusammenhänge verstanden wurden. Wer sich vertieft auf die Prüfung vorbereiten will, dem sei das im gleichen Verlagshaus erschienene Fachbuch „Der Brandschutzbeauftragte – Prüfungsfragen und Antworten“ oder die elektronische Version mit digitalen Karteikarten zum mobilen Lernen empfohlen. Beide Varianten enthalten über 780 Fragen zum Thema und die dazu gehörenden Antworten.

11.2 Mündliche Prüfung

In der **mündlichen Prüfung** geht es darum zu zeigen, dass man sicherheitsrelevante Probleme ansprechen und ggf. verschiedene Lösungsvarianten aufzeigen kann. Das kann im Dialog oder in der Gruppe ablaufen, oder aber man bekommt eine konkrete Aufgabenstellung. Es wird erwartet, dass der Kandidat die verschiedenen Belange des Brandschutzes unter Berücksichtigung von baulichen, anlagentechnischen und organisatorischen Brandschutzmaßnahmen abdecken kann. Dass dabei auch wirtschaftliche Belange zu berücksichtigen sind, ist klar. Vielleicht wird auch ein Foto gezeigt, auf dem Mängel zu erkennen sind, über deren Abstellung man dann spricht. Ein paar **Beispiele** aus Prüfungen:

1. Diskutieren Sie das Pro und Contra der verschiedenen Löschmittel für Handfeuerlöscher.
2. Wo würden Sie kleinere, wo größere/schwerere Handfeuerlöscher bevorzugen?
3. Welche verbessernden Punkte werden Sie als erstes in Ihrem Unternehmen umsetzen?
4. Nennen Sie verschiedene Sonderbauten und dort geforderte Brandschutzmaßnahmen, die in der Landesbauordnung nicht gefordert sind.
5. Was unterscheidet eine Brandwand von einer feuerbeständigen Wand?
6. Wie organisiert man private Elektrogeräte in Unternehmen?
7. Was unterscheiden Lager für Feststoffe, brennbare Gase und brennbare Flüssigkeiten? Gehen Sie konkret auf bauliche, anlagentechnische und organisatorische Punkte ein.
8. Welche betrieblichen Fehler können Sprinkleranlagen uneffektiv machen?
9. Welche brennbaren Gase sind schwerer, leichter und in etwa so schwer wie Luft?

10. Beschreiben Sie die Teile A, B und C der Brandschutzordnung.

11. Was wird bei Brandschutztüren z. B. jährlich geprüft?

12. Was ist ein Brandschutzkonzept, wie ist es aufgebaut, was enthält es?

13. Welche Brandschutzmaßnahmen können die Feuer-Versicherungsprämien reduzieren?

14. Wie kann man an verschiedenen Beleuchtungsanlagen den Brandschutz optimieren?

15. Was macht man vor, während und nach feuergefährlichen Arbeiten?

16. Welche Brandschutzmaßnahmen sind bei Bauarbeiten sinnvoll?

17. Welche automatischen Brandlöschsysteme gibt es, wo ergeben sie Sinn, wo nicht?

18. Welche alternativen Maßnahmen können Sie zu einer Sprinklerung vorschlagen?

19. Wo sind CO_2-Löschanlagen besonders kritisch, wo kann man sie eher einsetzen?

20. Wie geht man mit unterschiedlichen Abfällen brandschutztechnisch optimal um?

Man kann auch **Gruppenarbeiten** vergeben. Dabei geht es um die komplexere Betrachtung von Situationen oder um den Abgleich eines Gebäudes mit Brandschutzvorgaben. Möglich ist auch eine brandschutztechnische Optimierung einer vorgegebenen Grundrissskizze; dabei ist auf Fluchtwege, Gebäudeklassen, die Ausbildung von Türen, Personen (Art, Anzahl), oder die Verfahrenstechnik zu achten. Nachfolgend ein paar mögliche Aufgaben vorgestellt:

1. Bestimmen Sie für ein vorgegebenes Gebäude Folgendes:
   a) Welche Bauordnung gilt?
   b) Einstufung in eine Gebäudeklasse lt. Landesbauordnung.
   c) Wie werden tragende Wände brandschutztechnisch mindestens ausgebildet?
   d) Wie werden Böden bzw. Decken brandschutztechnisch mindestens ausgebildet?
   e) Welche brandschutztechnischen Anforderungen gibt es an die vorhandenen Türen?
   f) Wie sieht der erste Fluchtweg je Nutzungseinheit aus?
   g) Wie sieht der zweite Fluchtweg je Nutzungseinheit aus?
   h) Handfeuerlöscher: Welche Arten gibt es, wo sind diese in welcher Anzahl anzubringen?

i) Wie wird im Detail ein Treppenraum (Bodenbelag, Fenster, Entrauchung, Wandverkleidung, Wandart, Türen, Technik) brandschutzgerecht ausgebildet?

2. Entwerfen Sie eine Brandschutzordnung, Teile B und C für:
   a) ein Verwaltungshochhaus.
   b) eine Versammlungsstätte.
   c) eine Verkaufsstätte.
   d) eine Produktionsstätte.
   e) eine Großküche.

3. Es liegen Ihnen Zeitungsartikel über Brände vor. Präsentieren Sie die Lehren daraus.

4. Wägen Sie verschiedene automatische Löschanlagen und Löschmöglichkeiten gegeneinander ab unter den drei Aspekten Personenschutz, Effektivität und Kosten für:
   a) einen Computerraum.
   b) eine Großküche.
   c) ein Büro.
   d) ein Gaslager.
   e) ein Flüssigkeitslager.
   f) einen Produktionsbereich X oder Y.

5. Sie erhalten mehrere Brandschadenschilderungen. Welche sinnvollen, praktikablen Maßnahmen würden Sie vorschlagen, damit diese Schäden nicht mehr eintreten?

6. Welche Brandschutzmaßnahmen würden Sie für einen Bahnhof mit unterirdischen Gleisanschlüssen und Geschäften empfehlen?

7. Stellen Sie eine Power-Point-Schulungsunterlage „Brandschutz" zusammen für:
   a) die Belegschaft (für den Bereich a, b oder …).
   b) den Vorgesetzten.
   c) die Brandschutzhelfer.
   d) die Personen, die der Brandschutzordnung Teil C unterliegen.

8. Begehen Sie das Schulungsgebäude und stellen den Brandschutz vor. Werten Sie Mängel und bringen Sie konkrete Abhilfevorschläge. Versuchen Sie, auch etwas über Feuerwehrbegehungen und Versicherungsauflagen in Erfahrung zu bringen.

9. Es liegen Ihnen drei Angebote eine Sprinklerung vor. Entwerfen Sie ein Beurteilungs-Schema und begründen Sie, warum Sie welches Angebot favorisieren.

12 Lösungen zu den Kontrollfragen

Im Folgenden sind die **Lösungen** zu den Kontrollfragen aus den jeweiligen Kapiteln abgedruckt. Wer sich vertieft auf die Prüfung zum Brandschutzbeauftragten vorbereiten will, dem sei das Fachbuch „Der Brandschutzbeauftragte – Prüfungsfragen und Antworten" oder ganz neu, die elektronische Version mit digitalen Karteikarten zum mobilen Lernen empfohlen. Beide Varianten enthalten über 780 weitere Fragen zum Thema und die dazu gehörenden Antworten.

Zu 2.7:

1. c) **2.** c), d), e), f) **3.** a), b), c) **4.** b)

Zu 3.6:

1. c) **2.** a) **3.** e) **4.** d)

Zu 4.4:

1. Normalbedingungen sind: **Sauerstoffkonzentration** (21 Vol.- %); **relative Luftfeuchte** (z. B. 40–60 %); **Wärmestrahlung** (wenige W/m^2); **Windgeschwindigkeit** (wenige m/s); **Lufttemperatur** (21 °C); **Luftdruck** (ca. 1 000 hPa, +/-).

2. e) **3.** d), e)

Zu 5.6:

1. b) **2.** b), d) **3.** e) **4.** a) **5.** b), d), e), f)

Zu 6.8:

1. c), d), e) **2.** a), b), c), d) **3.** e) **4.** c)

Zu 7.6:

1. a), b) **2.** b) **3.** b) **4.** a)

Zu 8.3:

1.

Bereich	Gut geeignet	Ungeeignet/gefährlich:
Lebensmittelherstellung	CO_2-Löscher	ABC-Pulverlöscher
Großküche	ABF-Löscher	Wasserlöscher
Aluminiumspanlager	D-Löscher	Schaumlöscher

Bereich	Gut geeignet	Ungeeignet/gefährlich:
EDV	CO_2-Löscher	Schaum, Pulver, Wasser
Elektronikmontage	Wasser und CO_2	ABC-Pulverlöscher
Tiefgarage	Schaumlöscher	CO_2-Löscher
Freibereiche	ABC-Pulver	CO_2-Löscher
Gaslager	ABC-Pulver	Wasser, Schaum

2. e) **3.** b)

Zu 9.9:

1. b) **2.** a)

3.

Ölgetränkte Lappen	Nichtbrennbare Behälter, dicht schließend, nach Arbeitsende aus den Produktionsbereichen entfernen
Batterien	Pole abkleben, eigene Lagerbehälter an sicherer Stelle
Papier	Abfallbehälter für Papier
Holz-Schleifstaub	Absaugen, in Silos sammeln
Medikamentenbehälter in Kliniken	In eigenen Behältern, einbruchresistente Müllbereiche
Lebensmittelreste aus der Küche	In eigenen Behältern, in eigenen Räumen, die direkt vom Freien aus zugänglich sind

4. b), c), d), e), f) **5.** c) **6.** e), f) **7.** a)

8. Es sind jeweils lediglich zwei hier besonders relevante Punkte aufgeführt von vielen weiteren möglichen Punkten:

Produktion:	Abfallmenge; Brandlastminimierung (maximal die Menge an brennbaren Stoffen einer Schicht).
Lager:	Brandgefahren vorhanden?; Materiallagerung zu dicht an Sprinklerköpfen?
Verwaltung:	Flure frei gehalten?; Keine ABC-Löscher.
Kantine:	ABF-Löscher vorhanden?; Fritteusen durch Heißluftöfen ersetzt?
Heizung:	Heizung frei gehalten?; Zuluftöffnungen frei?
Freibereiche:	Keine Brandlasten zwischen Gebäuden; abgestellte Fahrzeuge an Gebäuden?
Parkhaus:	Keine Materiallagerung außerhalb der Fahrzeuge; Belüftung funktionsfähig?

Zu 10.2:

1. a), b), c), d), e), f) **2.** f)

3. S-T-O-P bedeutet, dass die (S) Substitution von gefährlichen Stoffen primär zu verfolgen ist. Wenn das nicht möglich ist, dann sind (T) technische oder bauliche Maßnahmen zu eruieren; sind diese nicht möglich, dann muss man auf (O) organisatorische Maßnahmen übergehen. Sollten diese auch nicht für genügenden Schutz sorgen, dann sind (P) personenbezogene Maßnahmen vorzunehmen (Schutzausrüstung).

4. Hier sind jeweils zwei mögliche Antworten aufgeführt:

Unternehmensbereich	Brandschadenhäufigkeit (S_h)	Brandschadenschwere (S_s)
Bürobereiche mit elektrischen Geräten	Private Geräte nicht zulassen. Alle Gerätschaften überprüfen.	Bürotüren nach Arbeitsende schließen. Brandmeldeanlage installieren.
Tiefgarage für Mitarbeiter und Besucher	Regelmäßig begehen. Auf richtiges Verhalten hinweisen.	Brandlöschanlage installieren. Effektive Entrauchungsanlage installieren.
Kunststoffproduktion, Lackierung und Montage	Gute Unterweisungen und Kontrollen. Brandlastminimierung bzw. Aufbewahrung in nichtbrennbaren Behältern.	Mehrere Brandbereiche schaffen, auch wenn nicht baurechtlich gefordert. Brandlöschanlage installieren.
Transport von Propangasflaschen	Möglichst kurze Transportwege. Transport ausschließlich durch besonders gut geschultes, verantwortungsbewusstes Personal.	Transport ausschließlich mit dafür vorgesehenen Gerätschaften. Transport in „ruhigen" Zeiten.

5. 1. Schutzziele definieren; 2. Bestand aufnehmen; 3. Brandrisiken analysieren; 4. Maßnahmen planen, beauftragen, überwachen, umsetzen; 5. Ergebnisse auswerten; 6. Schutzziele prüfen; 7. Effektivität prüfen; 8. Verbesserungen, 9. Alternativen erarbeiten.

Nachwort

Vorbeugender Brandschutz – Aschenputtel oder Dornröschen?

Der vorbeugende Brandschutz wurde entwickelt, um das Abbrennen ganzer Dörfer und Städte zu verhindern. Der „Große Brand von London" dauerte vom 2. bis 6. September 1666 und zerstörte vier Fünftel der Londoner Altstadt, lediglich unter zehn Menschen kamen dabei ums Leben, rund 100.000 wurden obdachlos. Der Hauptgrund für so wenig Tote bei einem vier bis fünf Tage und Nächte dauernden Feuer ist natürlich, dass sich ein Feuer damals horizontal nicht exorbitant schnell auf die angrenzenden Häuser ausbreiten konnte und sich die Menschen aus den meist ebenerdigen Gebäuden frühzeitig und zügig in Sicherheit bringen konnten. Gut 200 Jahre später, vom 8. bis 10. September 1871, brannten große Teile von Chicago nieder. Vermutlich kamen hier 200 bis 300 Einwohner ums Leben, 100.000 wurden obdachlos – das war ein Drittel der damaligen Einwohnerschaft. Hier zeigte sich schon die Gefahr von Gebäuden mit vielen übereinanderliegenden Etagen und der Sinn des baulichen Brandschutzes – während beim Londoner Brand der Sinn des abwehrenden Brandschutzes im Vordergrund stand. Großbrände richteten auch in Deutschland große Schäden an, zum Beispiel 1041 in Bremen, 1327 in München, 1631 in Magdeburg, vom 5. bis 8. Mai 1842 der „Große Brand von Hamburg" mit 51 Todesopfern und ca. 20.000 Obdachlosen. Beim Wiederaufbau in Hamburg wurde bereits intelligenterweise darauf geachtet, dass Brandmauern oder Abstände zwischen Gebäuden das Übergreifen eines Brands von einem Gebäude auf das Nachbargebäude verhindern. Dieser Aspekt des vorbeugenden Brandschutzes hat sich seitdem weltweit ungezählte Male bewährt.

Ein erschütterndes Ereignis war der Ringtheater-Brand in Wien am 8./9. Dezember 1881, der vermutlich 500 Todesopfer forderte – seitdem gibt es in europäischen Theatern den sog. Eisernen Vorhang und der Umgang mit offenem Feuer unterliegt Restriktionen.

Im Zweiten Weltkrieg wurden mehrere Städte durch gezieltes Bombardement in Brand gesetzt, insbesondere der „Feuersturm von Hamburg" 1943, sowie Pforzheim, Dresden und Würzburg 1945. Diese Stadtbrände waren trotz der Brandwände möglich, weil diese infolge von Luftminen zerstört waren, ehe Brandbomben einen Flächenbrand bzw. sogar einen Feuersturm erzeugten. Der vorbeugende Brandschutz hat hier nicht versagt, sondern er wurde gezielt „ausgeschaltet".

In den Nachkriegsjahren war der vorbeugende Brandschutz ein Teil der Feuerwehren, die vorwiegend über den abwehrenden Brandschutz öffentlich wahrgenommen werden. In Deutschland wurden Regelwerke entwickelt, deren „Leuchtturm“ die DIN 4102 war. In Zeiten des Baubooms – das gilt in Berlin und in den östlichen Bundesländern auch für die Zeit nach 1990 – galt der „VB“ oft als Verhinderer innovativer Bauprojekte, weil es z. B. über die Länge von Rettungswegen keine Diskussionen gab. In den neunziger Jahren wurde das Baugenehmigungsverfahren auf politischen Wunsch hin mehr und mehr privatisiert. Für den VB war die Feuerwehr nur noch eingeschränkt zuständig, stattdessen waren es private Gutachter.

Der Flughafenbrand von Düsseldorf am 11. April 1996 forderte 17 Menschenleben und hatte die wochenlange Schließung eines der größten Flughäfen Deutschlands für die Brandsanierung und den Wiederaufbau zur Folge. Nach diesem Ereignis gab es viele Fragen von Fachleuten aus aller Welt, wie so eine Brandkatastrophe in Deutschland passieren kann, obwohl der vorbeugende Brandschutz ein hohes Niveau hat und es am Flughafen eine leistungsfähige Flughafenfeuerwehr gab, die gemeinsam mit der Feuerwehr Düsseldorf über Drehleitern 300 Menschen von einem Parkdeck aus rettete. Es wurde ermittelt, dass sich manche Baustoffe anders verhalten hatten als erwartet, dass nicht richtig gewartete Rauchabschlüsse nicht funktionieren und dass nachträgliche Einbauten nicht über die erforderlichen Rettungswege verfügten. Hier hat nicht der vorbeugende Brandschutz „versagt“, sondern die Stellen, die für den laufenden Betrieb einschließlich der laufenden (baulichen) Veränderungen verantwortlich sind.

Welche Rolle der VB heute spielt, ist am Bau des neuen Flughafens BER gut erkennbar. Die geplante Inbetriebnahme im Juni 2012 musste mehrfach verschoben werden – angeblich vor allem wegen Problemen beim Brandschutz, insbesondere bei der Entrauchung. In Anbetracht der Erinnerungen an den Flughafenbrand von Düsseldorf konnte die Öffentlichkeit nur allzu gut verstehen, dass unter diesen Bedingungen ein Flughafen nicht ans Netz gehen kann. Dass nahezu gar nichts funktioniert hätte, was man für einen Flughafenbetrieb benötigt, spielte keine Rolle mehr. Der VB hat die Oberhand gewonnen. Fachleute fragten sich, was die Planer berechnet und geplant hatten, was wie von wem ausgeführt wurde und wer dies alles kontrolliert hat. Der VB war wichtig und Buhmann zugleich.

Die nüchterne Darstellung der Grundlagen des vorbeugenden Brandschutzes einschließlich moderner Berechnungs- und Simulationsverfahren ist daher wichtiger denn je, weil sich auf diesem Feld nicht nur ausgewiesene Fachleute tummeln. Möge dieses Buch dazu beitragen, die interessierten Kreise besser über den vorbeugenden Brandschutz zu informieren.

Albrecht Broemme, Präsident des THW a. D. (zuvor Landesbranddirektor Berlin), und Dr. Wolfgang J. Friedl

Stichwortverzeichnis

W

Z